计及高海拔山区牵引负荷和大规模新能源的电网鲁棒规划与调度方法

刘嘉蔚　刘　方　张　乔 ◎ 编著

西南交通大学出版社
·成　都·

图书在版编目（ＣＩＰ）数据

计及高海拔山区牵引负荷和大规模新能源的电网鲁棒
规划与调度方法 / 刘嘉蔚，刘方，张乔编著. —成都：
西南交通大学出版社，2023.6
ISBN 978-7-5643-9367-0

Ⅰ. ①计… Ⅱ. ①刘… ②刘… ③张… Ⅲ. ①高原 –
山区 – 电网 – 电力系统规划②高原 – 山区 – 电网 – 电力系
统调度 Ⅳ. ①TM715②TM73

中国国家版本馆 CIP 数据核字（2023）第 115351 号

Ji ji Gaohaiba Shanqu Qianyin Fuhe he Daguimo Xinnengyuan de Dianwang
Lubang Guihua yu Diaodu Fangfa

计及高海拔山区牵引负荷和大规模新能源的电网鲁棒规划与调度方法

刘嘉蔚　刘　方　张　乔　编著

责 任 编 辑	黄淑文
封 面 设 计	原谋书装
出 版 发 行	西南交通大学出版社
	（四川省成都市金牛区二环路北一段 111 号
	西南交通大学创新大厦 21 楼）
发行部电话	028-87600564　028-87600533
邮 政 编 码	610031
网　　　址	http://www.xnjdcbs.com
印　　　刷	郫县犀浦印刷厂
成 品 尺 寸	185 mm × 260 mm
印　　　张	9.25
字　　　数	197 千
版　　　次	2023 年 6 月第 1 版
印　　　次	2023 年 6 月第 1 次
书　　　号	ISBN 978-7-5643-9367-0
定　　　价	49.00 元

前　言

随着我国《西部大开发"十一五"规划》及《西部大开发"十二五"规划》的推进，西部地区的物资运输量大幅度上升。为满足经济发展的迫切需求，大量复杂山区铁路均已投入规划建设。沿途经过的地区电网极为薄弱，大规模动车组冲击负荷和大功率机车负荷对地区薄弱电网稳定性提出严峻挑战。一方面，牵引供电系统面临的外部电网条件极为薄弱，部分地区缺乏有力的电网支持；另一方面，动车组与大功率货车同时运行，运行状况复杂多变，功率密度非常大。深入开展牵引供电系统与地区薄弱电网稳定性交互影响研究具有实际工程意义。因此，如何在高海拔地区电网薄弱条件下满足冲击性牵引负荷的用电需求，保证列车和电网的安全稳定运行，是高海拔地区电网形态分析和发展规划必须解决的重要课题。

本书主要研究计及高海拔山区牵引负荷和大规模新能源的电网鲁棒规划与调度问题，立足于高海拔山区电气化交通牵引负荷的冲击特性与大长坡道下的再生制动特征，研究并提出适应高海拔地区薄弱电网形态特点的网架规划方案，旨在为解决高海拔山区等特殊环境下的电网规划与调度问题提供参考。本书共包括 8 章内容。第 1 章采用概率潮流不确定分析方法，研究以风电和光伏为代表的新能源并网对高海拔山区牵引供电布局规划的可行性。第 2 章提出一种高海拔铁路长大坡道下牵引负荷模拟方法，基于列车运行图及坡道上动车组受力分析，实现高海拔铁路长大坡道下牵引负荷功率曲线模拟。第 3 章提出一种高海拔山区铁路牵引所供电方式与接入外部电网优化方法，该策略得到的牵引所供电方式与接入薄弱外部电网方案可显著降低系统的电压不平衡影响。第 4 章提出一种考虑高铁负荷和风光不确定性的输电网随机规划方法，用于对复杂山区含高铁负荷和风光电站的输电网进行合理规划。第 5 章以我国典型高速列车 CRH3 型动车组为例，建立包含脉冲整流器、逆变器、牵引电机的牵引传动模型，通过分析牵引电机相电压和相电流之间的矢量关系，拓展适应制动工况的双 PWM 调速控制系统的数学模型。第 6 章针对含有高比例不确定性牵引负荷的高海拔山区铁路沿线电网，提出一种考虑牵引负荷不确定性的电网脆弱线路辨识方法。第 7 章研究高海拔山区牵引负荷接入电网宽频带谐振问题，建立考虑牵引逆变系统的多车混跑情况下车网系统小信号阻抗模型，分析客货比例及机车控制参数对系统低频振荡的影响。第 8 章提出一种考虑高海拔山区铁路沿线电网灵活性的分布鲁棒优化方法，以解决由源-荷波动导致高海拔山区铁路沿线电网灵活性不足的问题。

　　本书可作为含有高海拔山区铁路的区域电力公司规划调度的参考用书，也可作为电力和铁路设计院牵引站设计、接入与供电工程的技术工具书，对电力及铁路行业的大专院校及技术人员有一定的指导和借鉴意义。

　　感谢李婷、王云玲、苏韵挈、魏俊、杜新伟、袁川、李博、苟竞、刘志刚、孙文浩、佟钰泽、张炜璐、王浩宇、刘振族、章叶心、刘静伟、孟祥宇、喻文倩、吴思奇、赵文青、鲁兵、刘莹、朱觅、雷云凯、韩宇奇、陈玮、刘阳、晁化伟、汤思蕊、邓靖微、曹敏琦、吴刚、杨新婷、欧阳雪彤、张帅、张永杰、王潇笛等在本书编写和校审中提供的宝贵意见。

　　本书受到国网四川省电力公司科技项目（SGSCJY00GHJS2200025）的资助。

　　在此，向所有关心、支持、参与编撰的领导、专家、学者、编辑出版人员表示由衷的感谢！

本书编写组

2022 年 11 月

目　录

【 第 1 章 】 >>>>
新能源对山区牵引负荷供电的可行性分析

1.1 引 言

由于高海拔山区电气化铁路沿线具有较多的新能源并网发电场，系统中存在的不确定性因素越来越多，给山区供电系统的安全、经济运行带来挑战。概率潮流计算能够计及电力系统中的各种不确定因素，计算结果可以综合评估和全面分析系统运行薄弱环节和潜在风险。因此，本章采用概率潮流不确定分析方法，分析以风电和光伏为代表的新能源并网对山区牵引供电的布局规划可行性。

1.2 风电出力不确定模型

当前，风电出力不确定模型主要包含下列几种风电功率误差分布模型：Cauchy 分布、Beta 分布、Laplace 分布、t-location-scale 分布等。由于单一分布无法涵盖风电预测误差概率分布非对称、尖峰、厚尾以及在不同预测区间预测误差分布差异化明显等多种特性，风电功率预测误差分段拟合与多种混合概率分布拟合方法相继被提出。但现有风电功率预测误差分布拟合方法存在着拟合精度不高，或计算复杂，人为划分、取值等因素干扰等各种局限，为此本章提出一种风电功率预测误差分布聚类拟合方法，将预测误差聚类分析后从常用的多种分布中选择最佳的分布进行拟合。

1.2.1 数据预处理

从某电网中获取 2017 年至 2019 年第一季度的风电功率统计数据，数据中包含风电出力预测值和实际测量值。由实际值和预测值之差计算得到预测误差数据，绘制出预测误差随预测功率变化的散点图，如图 1-1~图 1-4 所示。

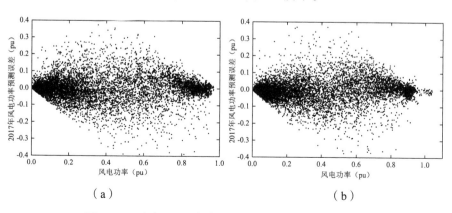

（a）　　　　　　　　　　（b）

图 1-1　风电场 2017 年与 2018 年预测误差分布散点图

图 1-1 为 2017 年和 2018 年全年的预测误差分布，横、纵坐标单位均为标幺值。从图 1-1 可以看出，预测误差呈现两边密集、中间稀疏的特点。可近似认为在高风电预测功率和低风电预测功率段预测误差方差较小，并且误差集中在 0 附近；在中等功率段预测误差方差较大，预测偏差较大。

图 1-2 为 2017 年不同季度下的预测误差功率分布。由图 1-2 可以看出，2017 年第 1，3，4 季度的预测误差分布规律和全年的规律相似，第 2 季度高功率点较少。

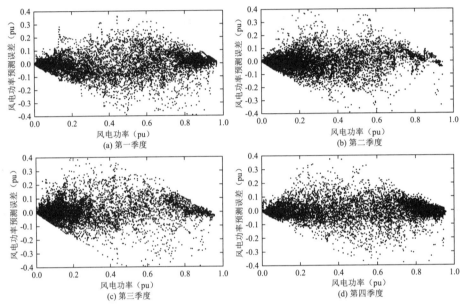

图 1-2   风电场 2017 年不同季度下的预测误差功率分布散点图

图 1-3 为 2018 年分季度预测误差功率分布情况，2018 年的规律和 2017 年相似。

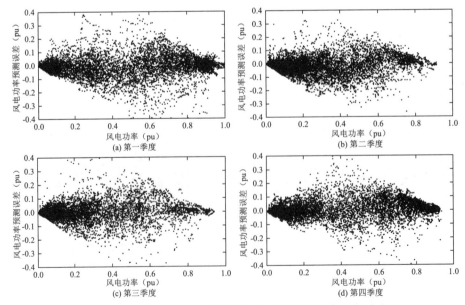

图 1-3   风电场 2018 年不同季度下的预测误差功率分布散点图

图 1-4 为 2019 年第一季度预测误差功率分布情况。可以看出，2019 年第一季度的规律与 2017 年和 2018 年类似。

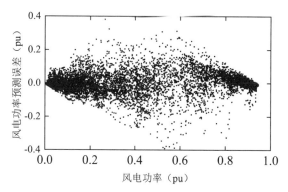

图 1-4　风电场 2019 年第一季度下的预测误差功率分布散点图

综合 2017 全年、2018 全年与 2019 年第一季度数据，发现如下规律：风电预测与季节时间因素无关；预测误差分布与预测值密切相关，当风电出力预测值处于较高或较低区间时预测误差较小，预测值处于中间水平时预测误差较大。

1.2.2　聚类分析

对 2018 年数据采用 K-means 聚类方法进行分析，当 K 取 4 类时，聚类结果如图 1-5 所示。

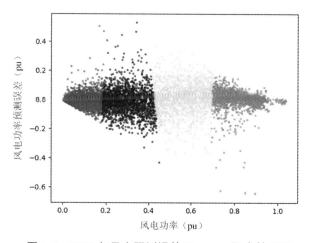

图 1-5　2018 年风电预测误差 K-means 聚类效果图

在 Matlab 中画出聚类之后每一类别对应的预测误差概率分布直方图如图 1-6 所示。

从图 1-6 可以看出，不同类别风电预测误差分布特性不同，第一类呈现尖峰特性，第二类呈现后尾特性，第三类呈现非对称特性，而第四类与其他类别形式又有所不同，因此，需要对每一类预测误差选择不同分布进行拟合。

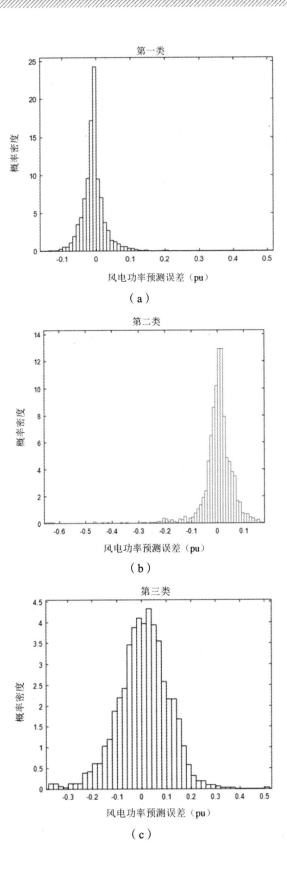

（a）

（b）

（c）

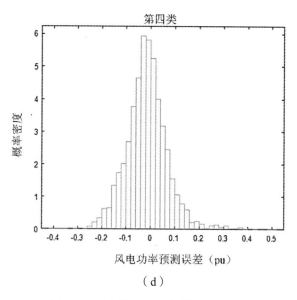

（d）

图 1-6　风电预测误差分类别概率密度图

1.2.3　和方差最小拟合法

在预测误差概率分布拟合过程中，为评价拟合效果，常通过如下几种拟合精度指标进行计算评估。

1. 和方差（the Sum of Squares due to Error，SSE）

在统计学中，该统计参数计算的是拟合数据与原始数据对应点的误差的平方和，计算方法如下：

$$SSE = \sum_{i=1}^{n} w_i (y_i - \hat{y}_i)^2 \tag{1-1}$$

式（1-1）中：n 为原始数据样本点，w_i 为归一化权重，y_i 为原始数据，$\hat{y}_i$ 为拟合的数据。

从式 1-1）中可以看出，SSE 的数值越靠近 0，说明拟合数据与原始数据之间的误差更小，分布拟合效果更佳。

2. 均方差（Mean Squared Error，MSE）

该统计参数是拟合数据和原始数据对应点误差平方和的均值，计算方法如下：

$$MSE = \frac{1}{n} \sum_{i=1}^{n} w_i (y_i - \hat{y}_i)^2 \tag{1-2}$$

3. 均方根（Root Mean Squared Error，RMSE）

该统计参数也叫回归系统的拟合标准差，是 MSE 的平方根，计算方法如下：

$$RMSE=\sqrt{MSE}=\sqrt{\frac{SSE}{n}}=\sqrt{\frac{1}{n}\sum_{i=1}^{n}w_i(y_i-\hat{y}_i)^2} \qquad (1-3)$$

从以上三种拟合优度的计算公式可以看出，MSE 和 $RMSE$ 均由 SSE 计算而来，三者评价结果一致，因此选用 SSE 作为风电功率预测分布拟合效果的评价指标。

对图 1-6 中每一类风电预测误差概率分布，分别采用和方差最小的分布拟合方法，遍历数理统计库 Scipy 中概率分布的完整列表（见表 1-1），选择拟合数据与原始数据之间 SSE 最小的分布作为该类别风电预测误差的概率分布模型。

表 1-1　Scipy 库中概率分布完整列表

alpha	anglit	arcsine	beta	betaprime	bradford	burr	cauchy
dweibull	erlang	expon	exponnorm	exponweib	exponpow	f	fatiguelife
foldnorm	frechet_r	frechet_l	genlogistic	genpareto	gennorm	genexpon	chi2
gausshyper	gamma	gengamma	genhalflogist	gilbrat	gompertz	gumbel_r	chi
halfcauchy	halflogistic	halfnorm	halfgennorm	hypsecant	invgamma	invgauss	fisk
johnsonsb	johnsonsu	ksone	kstwobign	laplace	levy	levy_l	levy_stable
loggamma	loglaplace	lognorm	lomax	maxwell	mielke	nakagami	ncx2
norm	pareto	pearson3	powerlaw	powerlognor	powernorm	rdist	reciprocal
rice	recipinvgaus	semicircular	t	triang	truncexpon	truncnorm	tukeylambda
vonmises	vonmises_lin	wald	weibull_min	weibull_max	wrapcauchy	cosine	ncf

1.2.4　拟合结果

图 1-7、图 1-8、图 1-9、图 1-10 分别为本方法从表 1-1 的常用分布函数列表中，通过拟合精度评价指标和方差来选定的拟合结果，每张图中绘制拟合效果最优的前 4 种分布拟合结果，最终选取的分布函数及其参数见表 1-2。

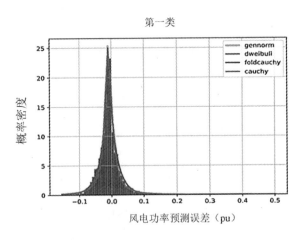

图 1-7　第一类风电预测误差概率分布拟合结果

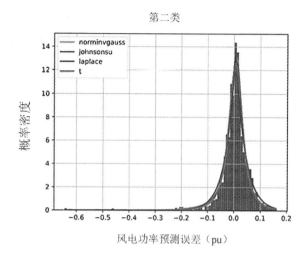

图 1-8　第二类风电预测误差概率分布拟合结果

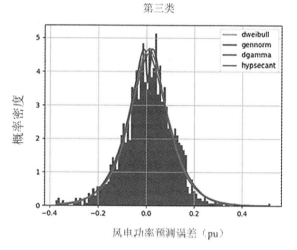

图 1-9　第三类风电预测误差概率分布拟合结果

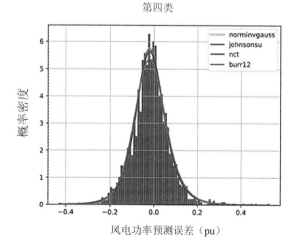

图 1-10　各类风电预测误差数据概率分布拟合结果

表 1-2 风电预测误差概率分布分类拟合结果

类别	分布函数	概率密度函数表达式	表达式参数与形状位置参数
一	广义高斯分布	$f(x,\beta)=\dfrac{\beta}{2\Gamma(1/\beta)}\exp(-\lvert x\rvert^{\beta})$	$\beta=0.76077$ $\mu=-0.00832$ $\sigma=0.01382$
二	广义逆高斯分布	$f(x,a,b)=\dfrac{(a\exp(\sqrt{a^2-b^2}+bx))}{(\pi\sqrt{1+x^2}K_1(a\sqrt{1+x^2}))}$	$a=0.25245$ $b=-0.06425$ $\mu=0.00878$ $\sigma=0.02844$
三	双威布尔分布	$f(x,c)=c/2\lvert x\rvert^{c-1}\exp(-\lvert x\rvert^{c})$	$c=1.19076$ $\mu=0.00705$ $\sigma=0.08476$
四	非中心 t 分布	$X=\dfrac{Y+c}{\sqrt{V/k}}$	$k=5.12618$ $c=0.22617$ $\mu=-0.03369$ $\sigma=0.06734$

1.3 光伏出力不确定性模型

当前光伏出力分布模型主要为 Beta 分布，其概率密度函数如下：

$$f(x;\alpha,\beta)=\frac{x^{\alpha-1}(1-x)^{\beta-1}}{\int_0^1 u^{\alpha-1}(1-u)^{\beta-1}\mathrm{d}u}=\frac{\Gamma(\alpha+\beta)}{\Gamma(\alpha)\Gamma(\beta)}x^{\alpha-1}(1-x)^{\beta-1} \tag{1-4}$$

光伏发电总功率为：

$$X=x*S_{pv}*Prey_{pv}*r \tag{1-5}$$

式（1-5）中：S_{pv} 表示光伏组件总面积，$Prey_{pv}$ 表示光电转换率，r 表示光照强度。

1.4 基于半不变量的概率潮流计算

1.4.1 潮流方程线性化模型

将极坐标形式的交流潮流方程在基准运行点处进行泰勒展开，忽略 2 次及以上的高次项，可得到：

$$\left.\begin{array}{l}X=X_0+\Delta X=X_0+S_0\Delta W\\Z=Z_0+\Delta Z=Z_0+T_0\Delta W\end{array}\right\} \tag{1-6}$$

式（1-6）中：W、X 和 Z 分别表示节点注入功率向量、节点状态向量和支路潮流向量，下标 0 表示基准运行点；ΔW、ΔX、ΔZ 代表变量扰动部分；S_0、T_0 为灵敏度矩阵，

$S_0 = J_0^{-1}$，$T_0 = G_0 J_0^{-1}$，其中 J_0 为雅克比矩阵，$G_0 = ((\partial Z / \partial X)|_{X=X_0})$。

1.4.2　半不变量概率潮流计算方法

半不变量是随机变量的一种数字特征，它可以由不高于相应阶次的随机变量的各阶矩求得。

随机变量的各阶中心矩表示为：

$$M_v = \sum_i p_i(x_i - \mu)^v \tag{1-7}$$

式（1-7）中：μ 为期望值；p_i 为概率值。

可以得到各阶半不变量 K_i 与中心距 M_i 的关系式为：

$$\left. \begin{aligned} K_2 &= M_2 \\ K_3 &= M_3 \\ K_4 &= M_4 - 3M_2^2 \\ K_5 &= M_5 - 10M_3M_2 \\ K_6 &= M_6 - 15M_4M_2 - 10M_3 + 30M_2^3 \\ K_7 &= M_7 - 21M_5M_2 - 35M_4M_3 + 210M_3 \\ K_8 &= M_8 - 28M_6M_2 - 56M_5M_3 - 35M_4^2 + \\ &\quad 420M_4M_2^2 + 560M_3^2 - 630M_2^4 \end{aligned} \right\} \tag{1-8}$$

$K_1 = \mu$ 为随机变量的期望值。

半不变量有以下重要性质：

（1）如果随机变量 $x^{(1)}$，$x^{(2)}$ 相互独立，且各自有 k 阶半不变量 $K_v^{(1)}$，$K_v^{(2)}$（$v = 1, 2, \cdots, k$）存在，则随机变量 $x^{(t)} = x^{(1)} \oplus x^{(2)}$ 的 v 阶半不变量 $K_v^{(t)}$ 为：

$$K_v^{(t)} = K_v^{(1)} + K_v^{(2)} \tag{1-9}$$

由此可体现出半不变量的相加性，即独立随机变量之和的各阶半不变量，等于各随机变量的各阶半不变量之和。

（2）随机变量的 α 倍的 γ（γ 为非负整数）阶半不变量，等于该随机变量的 γ 阶半不变量的 α^γ 倍。

先假设节点注入功率变量相互独立，利用半不变量法的齐次性和可加性可得：

$$\left. \begin{aligned} \Delta W^{(k)} &= \Delta W_G^{(k)} + \Delta W_L^{(k)} \\ \Delta X^{(k)} &= S_0^{(k)} \Delta W^{(k)} \\ \Delta Z^{(k)} &= T_0^{(k)} \Delta W^{(k)} \end{aligned} \right\} \tag{1-10}$$

式（1-10）中：$\Delta W^{(k)}$、$\Delta W_G^{(k)}$、$\Delta W_L^{(k)}$ 分别为节点注入功率向量、发电机注入功率向量、负荷注入功率向量扰动部分的 k 阶半不变量；$S_0^{(k)}$、$T_0^{(k)}$ 分别为矩阵 S_0 和 T_0 中各元素的 k 次幂所构成的矩阵；$\Delta X^{(k)}$、$\Delta Z^{(k)}$ 分别为节点状态向量、支路潮流向量扰动部分的 k 阶半不变量。由式（1-10）求得 ΔX、ΔZ 的各阶半不变量，可通过 Gram-Charlier 级数展开式（1-11）得到扰动部分的概率分布，将其右移 X_0、Z_0，便得到节点状态向量及支路潮流向量的概率分布。

$$\frac{g_7+35g_3g_4}{7!}H_7(\bar{x})+\frac{g_8+56g_3g_5+35g_4^2}{8!}H_8(\bar{x})+\cdots\;] \qquad (1\text{-}11)$$

式（1-11）中：g_v 为规格化的各阶半不变量，$g_v=K_v/\sigma^v=K_v/K_2^{\frac{v}{2}}$；$N(\bar{x})$ 为标准正态密度函数，$N(x)=\frac{1}{\sqrt{2\pi}}e^{-\frac{1}{2}x^2}$；$\bar{x}$ 为规格化随机变量，$\bar{x}=(x-\mu)/\sigma$；μ、σ 分别为随机分布的期望值和标准方差；$H_r(x)$ 为 Hermite 多项式。

1.5　新能源接入对山区牵引供电布局规划的可行性分析

1.5.1　某高海拔山区电网潮流情况分析

　　某高海拔山区电网网架结构如图 1-11 所示，其中节点 30 和 35 分别为拟规划的变电站。电源方面，系统中以水电为主，集中在电网东部。系统平均负载率为 16%，处于轻载运行。

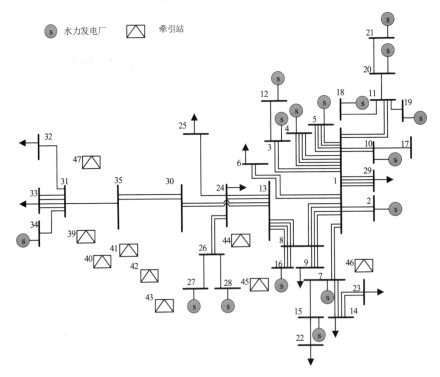

图 1-11　某高海拔山区电网网架结构示意图

1.5.2　新能源接入对山区牵引供电布局规划的可行性分析

　　根据初步规划，计划将大规模风电场布置在节点 30 处，大规模光伏布置在节点 31

和 13 处。考虑到新能源出力的不确定性，设计 4 种不同规模的新能源装机容量接入电网，如表 1-3 所示。根据概率潮流计算，选择新能源并网外送节点分析节点电压变化，选择系统中重载支路及离新能源输出通道支路分析支路功率变化情况。选取节点和支路如表 1-4 所示。

表 1-3　4 种不同规模新能源接入方案

方案编号	节点 37 风电场装机容量/MW	节点 36 光伏装机容量/MW	节点 38 光伏装机容量/MW
方案 1	200	200	200
方案 2	300	300	300
方案 3	400	400	400
方案 4	500	500	500

表 1-4　选取分析节点和支路表

选取节点编号	选取支路编号
13，30，31，35	19，29，30，31，35，36，37，38

针对方案 1~4，对系统进行概率潮流计算，绘制选取节点电压概率分布和累积概率分布，如图 1-12~图 1-15 所示。由图可见，选取的节点电压均未超过标准值的 5%，电压标幺值均位于 0.95~1.05 之间，符合电力系统的要求。随着新能源并网功率的增大，节点电压的分布范围逐渐增大。节点 31 和 35 比节点 13 和 30 的电压分布范围更广，更容易越限。

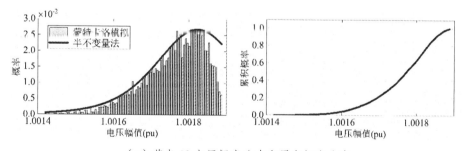

（a）节点 13 电压概率分布和累积概率分布

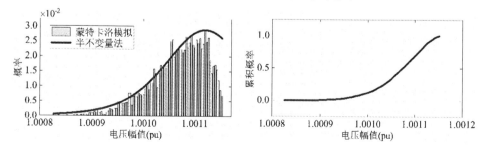

（b）节点 30 电压概率分布和累积概率分布

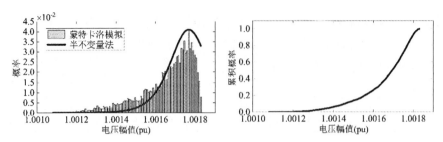

（c）节点 31 电压概率分布和累积概率分布

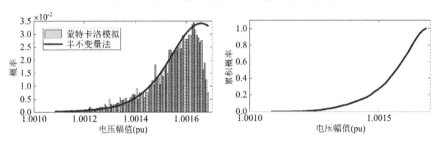

（d）节点 35 电压概率分布和累积概率分布

图 1-12　方案 1 节点电压概率分布图

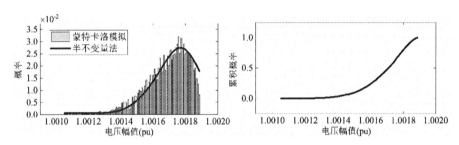

（a）节点 13 电压概率分布和累积概率分布

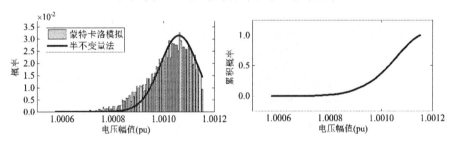

（b）节点 30 电压概率分布和累积概率分布

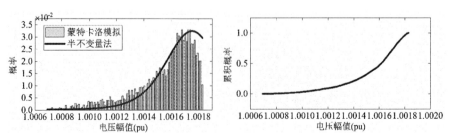

（c）节点 31 电压概率分布和累积概率分布

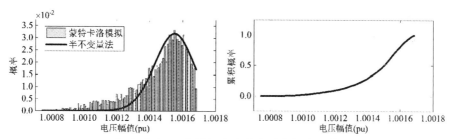

（d）节点 35 电压概率分布和累积概率分布

图 1-13　方案 2 节点电压概率分布图

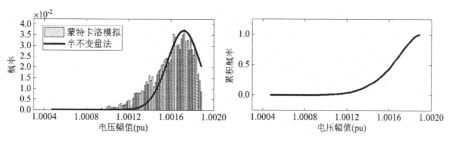

（a）节点 13 电压概率分布和累积概率分布

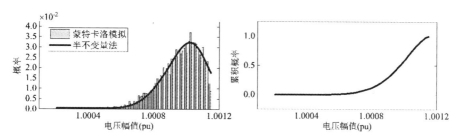

（b）节点 30 电压概率分布和累积概率分布

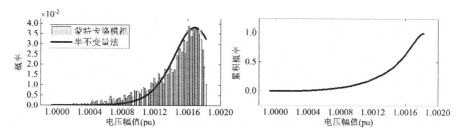

（c）节点 31 电压概率分布和累积概率分布

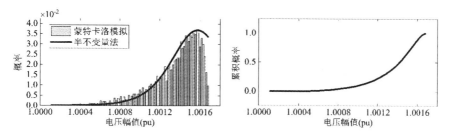

（d）节点 35 电压概率分布和累积概率分布

图 1-14　方案 3 节点电压概率分布图

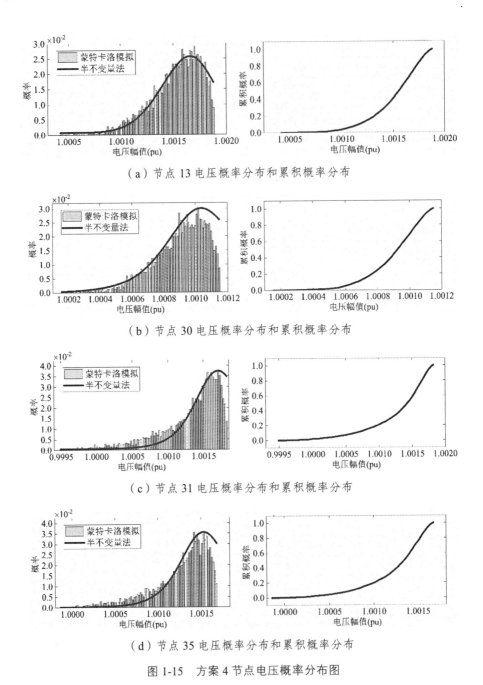

（a）节点 13 电压概率分布和累积概率分布

（b）节点 30 电压概率分布和累积概率分布

（c）节点 31 电压概率分布和累积概率分布

（d）节点 35 电压概率分布和累积概率分布

图 1-15　方案 4 节点电压概率分布图

　　进一步分析 4 种方案中支路潮流情况，随着新能源出力的波动，支路潮流也跟随波动，选取方案中支路潮流的最大值与支路功率上限进行比较，如图 1-16 和图 1-17 所示。由图可以看出，随着风电和光伏出力的增大，支路 19 和 29 的功率几乎不变，而支路 30、31、35、36、37 和 38 的功率随着新能源出力的增大而增大。在方案 4 中，支路 36、37 和 38 的负载率超过 70%。考虑到这三条支路均为新能源送出通道，因此，在规划建设新能源送出通道容量时应重点考虑新能源的装机容量。

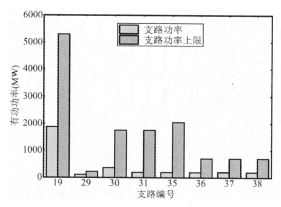

（a）方案 1 支路潮流最大值与功率上限的比较

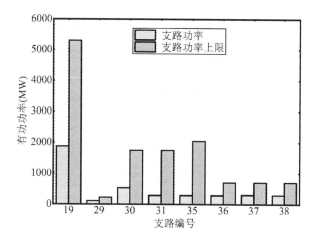

（b）方案 2 支路潮流最大值与功率上限的比较

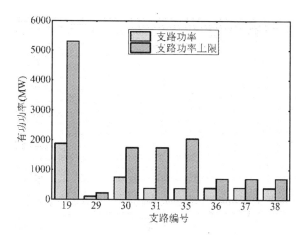

（c）方案 3 支路潮流最大值与功率上限的比较

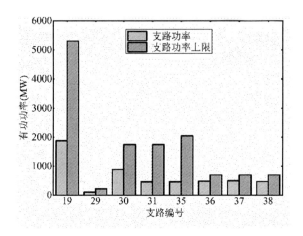

（d）方案 4 支路潮流最大值与功率上限的比较

图 1-16　选取支路潮流最大值与功率上限的比较

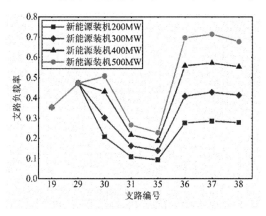

图 1-17　线路负载率变化情况

　　综上分析，由于该高海拔山区电网自身负荷较轻，水电装机容量大，发电量主要以外送为主。当接入新能源后，随着新能源出力的波动，系统节点电压水平在正常范围内波动，线路功率也在合理范围内，利用新能源配合给牵引负荷供电是可行的。

1.6　本章小结

　　本章针对新能源并网给山区高海拔地区电网带来的不确定性，利用半不变量概率潮流计算方法计算不同新能源装机容量情况下系统的概率潮流，量化系统不确定性，评估系统风险。结果表明，电网内新能源出力波动不会对系统节点电压水平造成大的影响，输电线路功率波动也在可控范围内，因此利用新能源配合水电和火电给牵引负荷供电是可行的。

【 第 2 章 】>>>>考虑长大坡道及机车调度运行的某高海拔山区铁路沿线牵引负荷建模

2.1 引 言

随着我国《西部大开发"十一五"规划》及《西部大开发"十二五"规划》的推进，西部地区的物资运输量大幅度上升。为满足经济发展的迫切需求，大量复杂山区铁路均已投入规划建设。沿途经过的地区电网极为薄弱，大规模动车组冲击负荷对地区薄弱电网稳定性提出严峻挑战。

国内外学者主要从三个方面展开牵引负荷建模：（1）基于 Simulink、PSCAD 以及自主开发的仿真软件对车网系统进行建模。该类方法可以根据牵引网和动车组的详细电气结构，建立完整的牵引网-动车组模型，该模型可以有效刻画动车组在不同工况下的负荷水平。但由于车网系统零部件繁多，很难构建较为精确的仿真模型，一般都要进行大量简化，其仿真结果与实际有一定差距。（2）基于牵引计算的动态建模方法。该类方法基于牵引计算基本理论，结合牵引供电系统实际参数，建立整个车网系统的动态负荷数学模型，具有较高的仿真精度，但计算量大、仿真时间长。（3）基于实测数据的数值建模方法。该方法利用大量实测数据，利用概率统计学方法建立牵引负荷模型。然而，对于正在修建的高海拔沿线铁路而言，其长大坡道与其他线路的负荷情况差异较大，可能存在频繁、大幅值的再生制动功率，并且缺乏可以使用参考的实测数据集。因此，考虑其列车运行图和长大坡道参数的牵引站负荷模拟方法非常重要。

本章将提出一种有效的高海拔铁路长大坡道下牵引负荷模拟方法，基于列车运行图及坡道上动车组受力分析，实现高海拔铁路长大坡道下牵引负荷模拟。

2.2 某高海拔山区地势海拔分析

某高海拔山区地势海拔图如图 2-1 所示，每个坡道区间的坡度已经在图中标出。两根灰色竖线之间的范围为一个牵引站的供电范围，一共设置 9 个牵引站。由图 2-1 可以看出，该高海拔山区铁路最大坡度接近 30‰，并且连续坡道长度大于 40 km。某些牵引站两个供电臂在地理位置上呈现"V"形，如牵引站 3。某些牵引站两个供电臂在地理位置上呈现倒"V"形，如牵引站 2 和 7。还有的牵引站两供电臂直接布置在同一条长大坡道上，如牵引站 1 和 8。这将导致牵引负荷特性呈现高牵引功率和高再生制动功率的特点，沿线电网将承受频繁的正反向潮流。

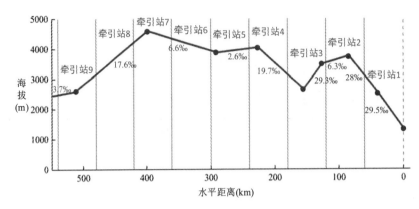

图 2-1   某高海拔山区地势海拔图

2.3   考虑长大坡道及机车调度运行的高海拔山区牵引负荷建模

由于该高海拔铁路正在规划建设中，其列车调度运行图无法获取。因此考虑利用其他线路的列车调度运行图来模拟某高海拔山区铁路机车运行情况。由于拟采用的线路几乎全为平直轨道，线路坡度几乎为 0，因此该模拟过程需要考虑两个关键因素：一个是线路设计时速，另一个是线路坡度。基于以上分析，提出一种考虑长大坡道及机车调度运行的高海拔山区铁路牵引负荷建模方法，其流程如图 2-2 所示，具体步骤如下。

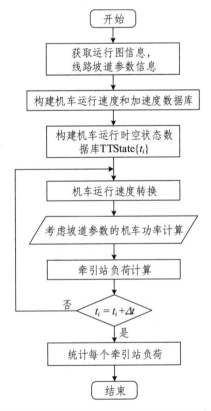

图 2-2   考虑长大坡道及机车调度运行的高海拔山区铁路牵引负荷建模方法流程图

步骤 1：获取某线路的列车运行图和线路坡道参数信息。

步骤 2：构建机车运行速度和加速度数据库。

列车运行图的一般形式如图 2-3 所示，横轴表示自然时间，纵轴表示空间距离，每个车站的空间位置用横线表示。图中的虚线表示机车下行轨迹，实线表示机车上行轨迹，实际情况中机车行驶轨迹应该是曲线，简化处理以直线表示。考虑动车组运行的加速、匀速和减速过程，以 5 min 为一个时间间隔，计算每一时刻下每辆机车的运行速度和加速度，由此构建出机车运行速度和加速度数据库。

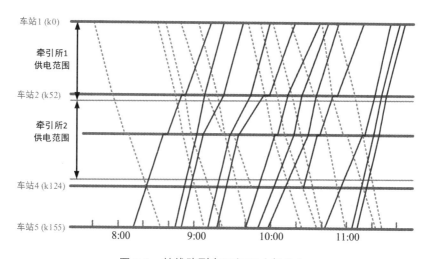

图 2-3　某线路列车运行图（部分）

步骤 3：构建机车运行时空状态数据库。

取 5 min 为一个时间间隔，在一个牵引变电所供电范围内统计运行机车数量 Num、每辆机车运行速度 Speed、每辆机车运行加速度 Acc、上下坡情况 Direction 及相应的坡道参数 Slope。每个时刻对应一个机车运行时空状态，记为集合 TSState$\{t_i\}$ = {Num，Speed，Acc，Direction，Slope}，t_i 表示第 i 个时刻。其中，上下坡分 3 种情况：当机车上坡时，Direction = 1；当机车下坡时，Direction = -1；当机车在平路上行驶时，Direction = 0。例如在 t_i 时刻，牵引供电臂供电范围内有 3 辆机车行驶，3 辆机车的速度分别是 180 km/h、240 km/h 和 290 km/h，3 辆机车的加速度分别是 0.3 m/s^2、0.1 m/s^2 和-0.2 m/s^2，并且都处于下坡状态，坡道参数为 20‰，那么 TSState$\{t_i\}$ = {3，[180，240，290]，[0.3，0.1，-0.2]，[-1，-1，-1]，[20，20，20]}。如此遍历一天中所有时刻，构建 24×12 = 288 个时空状态，得到一个牵引变电站的机车运行时空状态数据库。按照此方法可以得到该条线路上所有牵引变电站的机车运行时空状态数据库。

步骤 4：机车运行速度转换。

本章拟借鉴的线路设计时速 300 km/h，机车运行速度-时间曲线如图 2-4 中蓝色实线所示。而该高海拔山区铁路的设计时速为 200 km/h。因此，在将现有的列车运行图等效为该高海拔山区铁路的运行图时，机车运行速度曲线采用图 2-4 中的橙色曲线。那么该高海拔山区铁路的机车速度可以表示为

$$v_c = \begin{cases} v_0 & (v_0 < 200 \text{ km/h}) \\ 200 & (v_0 \geqslant 200 \text{ km/h}) \end{cases} \tag{2-1}$$

式（2-1）中：v_c 表示机车运行速度，v_0 表示所采用的运行图所在线路的机车运行速度。

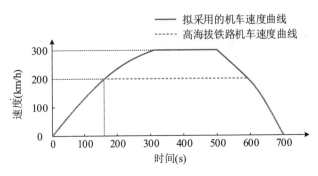

图 2-4　机车运行速度-时间曲线

步骤 5：考虑坡道参数的机车功率计算。

考虑动车组上下坡时的受力情况，如图 2-5 所示，m 表示动车组质量（T），g 表示重力加速度，i 表示坡道坡度，一般以千分数的形式表示。w_0 表示动车组单位阻力（N/kN），w 表示单位附加阻力。B_i 表示动车组制动力，F_q 表示动车组牵引力。mg 表示动车组受到的重力，mgw_0 表示动车组受到的阻力，mgw 表示动车组重力沿坡道的分力。

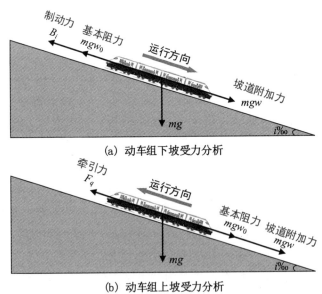

(a) 动车组下坡受力分析

(b) 动车组上坡受力分析

图 2-5　动车组上下坡受力分析示意图

其中：

$$w = i \tag{2-2}$$

该高海拔山区铁路拟运行 CRH$_{380BL}$ 型动车组，其单位阻力为：

$$w_0 = 0.5612 + 0.0037v + 0.000\,112\,14v^2 \tag{2-3}$$

式（2-3）中：v 表示动车组运行速度（km/h），w_0 表示动车组单位阻力（N/kN）。

对下坡动车组进行受力分析，根据牛顿第二定律有：

$$B_i + mgw_0 - mgw_i = (1+\gamma)ma \tag{2-4}$$

式（2-4）中：a 为动车组加速度，γ 为动车组旋转系数。车辆牵引力做功分为两部分，一部分是车辆平动的动能，另一部分是车轮等旋转部件本身的旋转动能。用微分的观点看，就是有部分力做的功消耗在旋转部件的圆周运动上，等效为直线运动的话，就相当于列车多出一部分质量，称为旋转（回转）质量。旋转质量与列车总质量之比称为旋转系数，本章取 0.1。

对式（2-4）两边同时乘以速度 v，得：

$$B_i \cdot v + mgw_0 \cdot v - mgw_i \cdot v = (1+\gamma)ma \cdot v \tag{2-5}$$

式（2-5）中：$B_i \cdot v$ 表示制动功率，$mgw_0 \cdot v$ 表示阻力功率，$mgw_i \cdot v$ 表示重力沿坡道的功率，$(1+\gamma)ma \cdot v$ 表示动车组减速功率。

因此，动车组需要提供的制动功率为：

$$P_B = B_i \cdot v = mgw_i \cdot v - mgw_0 \cdot v + (1+\gamma)ma \cdot v \tag{2-6}$$

式（2-6）中：P_B 表示动车组需要提供的总制动功率，包括再生制动功率和空气制动功率。因此，动车组需要提供的再生制动功率为：

$$P_{RB} = \begin{cases} P_B & (P_B \leqslant P_B^{\max}) \\ P_B^{\max} & (P_B > P_B^{\max}) \end{cases} \tag{2-7}$$

式（2-7）中：P_{RB} 表示动车组再生制动功率，$P_B^{\max}$ 表示动车组能够提供的最大再生制动功率。

当动车组下坡时，消耗的功率为：

$$P_{CRH} = -P_{RB} \tag{2-8}$$

同理，当动车组上坡时，动车组需要提供的牵引功率为：

$$P_q = F_q \cdot v = mgw_i \cdot v + mgw_0 \cdot v + (1+\gamma)ma \cdot v \tag{2-9}$$

式（2-9）中：P_q 表示动车组上坡时需要提供的牵引功率，F_q 表示动车组上坡时需要提供的牵引力。

此时，动车组消耗的功率为：

$$P_{CRH} = P_q \tag{2-10}$$

步骤 6：单个牵引站负荷计算。

根据前面建立的机车运行时空状态数据库，t_i时刻一个牵引变电站供电范围内消耗的总功率为：

$$P_{t_i} = \sum_{k=1}^{\text{Num}} P_{\text{CRH}}^k \qquad (2\text{-}11)$$

式（2-11）中：P_{t_i}表示t_i时刻一个牵引变电所消耗的功率，Num 表示t_i时刻一个牵引变电所供电范围内的所有机车数量，P_{CRH}^k表示第k个动车组消耗的功率。

步骤 7：计算全天时段负荷

令 $t_i = t_i + \Delta t$（$\Delta t = 5 \text{ min}$），若 t_i 超出 24 h，则结束，统计各牵引站负荷。否则，返回步骤 4。

2.4 牵引负荷模拟结果分析

根据所提出的牵引负荷模拟方法，得到该高海拔山区铁路沿线 9 个牵引变电站全天 24 h 的负荷情况，如图 2-6 所示。

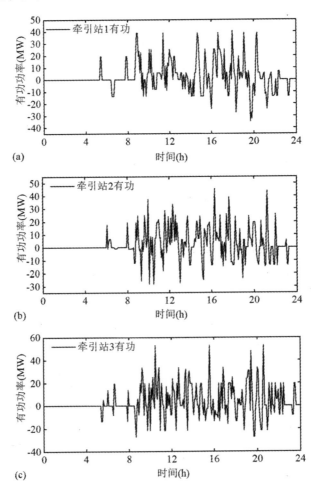

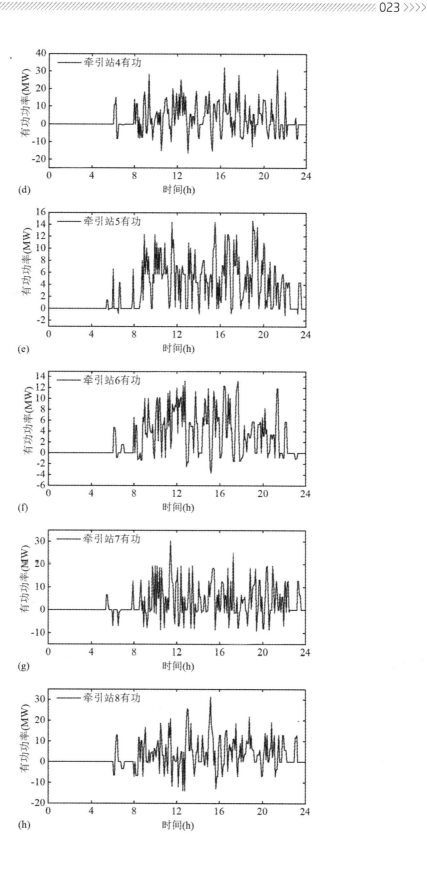

(d)

(e)

(f)

(g)

(h)

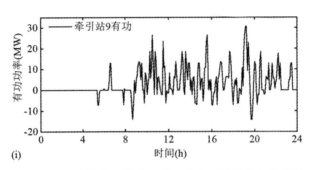

图 2-6 某高海拔山区铁路沿线 9 个牵引站模拟负荷曲线

统计分析 9 个牵引站的最大牵引功率和最大制动功率，如表 2-1 所示。由表可知，最大牵引功率出现在牵引变电站 3，为 52.71 MW，对应时刻为 10:30。此时，有 3 列动车组处于上坡牵引状态，其中 2 辆处于 29.3‰ 的坡道上，1 辆处于 19.7‰ 的坡道上。而在这 9 个牵引站的最大功率中，最小的两个为牵引站 5 和牵引站 6。由图 2-1 可知，在这两个牵引变电站供电范围内，坡度较小，分别为 2.6‰ 和 6.6‰。另一方面，最大制动功率出现在牵引变电站 1，为 -34.86 MW，对应的时刻为 19:40。此时有 3 列动车组处于下坡制动状态，并且都处于 29.5‰ 的坡道上。同样，在这 9 个牵引站的最大制动功率中，最小的两个依然是牵引站 5 和牵引站 6。这也印证坡道会使牵引功率和制动功率增大的事实。此外，牵引站 3 的供电坡道形状属于 "V" 形，牵引站 1 的供电坡道形状属于长直坡道，因此坡道形状并不是决定功率的必要因素，坡道坡度才是关键因素。

表 2-1 牵引站最大牵引功率和最大制动功率统计表

牵引站编号	1	2	3	4	5
最大牵引功率/MW	40.54	45.39	**52.71**	32.27	14.64
对应时刻	18:00	16:20	10:30	16:20	19:00
最大制动功率/MW	**-34.86**	-28.22	-27.24	-16.43	-1.10
对应时刻	19:40	10:05	8:40	13:00	22:00
牵引站编号	6	7	8	9	—
最大牵引功率/MW	13.18	30.29	31.34	30.53	—
对应时刻	12:45	11:25	15:10	19:10	—
最大制动功率/MW	-3.67	-9.29	-14.06	-14.06	—
对应时刻	15:10	19:25	12:45	8:40	—

统计各牵引站不同类型功率所占时间（牵引时间、制动时间和零负荷时间），如表 2-2 所示，牵引站 5 制动时间占比偏低（2.08%），其他牵引站占比保持在 10%~20% 范围内，系统将承受频繁的正反向潮流冲击。表 2-3 统计各牵引站返送功率最大持续时间，牵引站 1 的返送功率最大且持续时间最长，达到 35 min。详细的功率返送过程如图 2-7 所示，持续时间段为 19:35~20:10，这是由于多辆机车一直处于下坡制动状态，并且返送功率也一直处于变化之中。

表 2-2　牵引站各类型功率出现时间统计表

牵引站编号	1	2	3	4	5
零负荷时间占比	48.96%	43.75%	45.49%	43.75%	45.49%
牵引时间占比	33.33%	35.07%	34.72%	37.50%	52.43%
制动时间占比	17.71%	21.18%	19.79%	18.75%	**2.08%**
牵引站	6	7	8	9	—
零负荷时间占比	43.75%	45.49%	44.10%	45.49%	—
牵引时间占比	44.79%	34.38%	40.97%	39.58%	—
制动时间占比	11.46%	20.13%	14.93%	14.93%	—

表 2-3　各牵引站返送功率最大持续时间

牵引站编号	1	2	3	4	5
返送功率最大持续时间/min	35	30	30	25	5
牵引站编号	6	7	8	9	—
返送功率最大持续时间/min	25	25	20	25	—

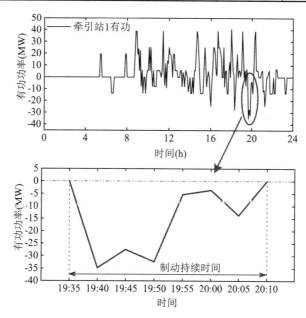

图 2-7　牵引站 1 返送功率最大持续时间

2.5　本章小结

　　本章针对某高海拔山区铁路坡道变化剧烈的现实情况，提出一种考虑线路坡道参数和行车运行图的牵引负荷建模方法。根据列车运行图，构建动车组运行速度和加速度数据库，进一步结合坡道参数构建动车组运行状态数据库。分析动车组在坡道上的受力情况，计算牵引和制动状态下的机车负荷及铁路沿线 9 个牵引变电所的全天负荷曲线。

【 第 3 章 】>>>>高海拔山区铁路牵引所供电方式与接入外部电网优化方法研究

3.1 引 言

为满足开行时速 200 km 动车组的功率需求，牵引变电所将考虑采用辐射状供电的结构以牵引变电所群的形式接入三相高压电网。牵引负荷是一个特殊的大功率单相负荷。其非对称性本身会对电网三相电压不平衡性造成严重影响。若采用牵引所群的双边供电方式将进一步增大系统的三相不平衡度。再加上铁路沿线缺乏有力的外部电源支撑且电网短路容量较小，导致单相牵引负荷在电网中引起的以电压不平衡为代表的电能质量问题更为凸显。将对电网和铁路的安全、高效和可靠运行产生严重影响。

牵引供电系统引起的三相不平衡度由牵引供电臂负荷、变压器类型及外部电网短路容量共同决定。电力机车根据列车运行图按日为周期运行，长大坡道上的供电臂负荷功率大且正反向功率频繁，其负荷特性与平地供电臂差异很大。为了降低电力机车对牵引供电系统电压不平衡度的影响，亟需研究高海拔山区铁路牵引所供电方式与接入薄弱外部电网优化方法。

本章提出一种结合列车运行图的牵引所供电方式与接入外部电网优化方法。首先，设计牵引所供电方式与接入外部电网方案样本库，基于列车运行图模拟全日周期牵引负荷曲线。然后，建立"源-网-荷"耦合一体化仿真模型。最后，根据相关标准建立电压不平衡评估模型，兼顾考虑电压不平衡指标与电分相数量，并求解最优方案。

3.2 变电所供电方式与接入外部电网方案样本库构建

3.2.1 铁路沿线地势与区域电网特性分析

高海拔铁路沿线气候复杂、生态环境脆弱、地形地质险峻，必须在长大坡道上设置电分相，其地势海拔如图 2-1 所示。高速运行的动车组在过电分相时需要断开车顶断路器，依靠惯性滑过电分相。若遇到雨雪天气，当动车组在 30‰的长大坡道上时，可能造成降速甚至停坡等危及运行安全的危险情况。于是，长大坡道电分相问题严峻。

另一方面，该高海拔铁路沿线电网薄弱，无法满足高海拔铁路牵引供电需求，亟需规划新的电网工程。同时，薄弱的外部电源造成系统短路容量较小，当大功率单相牵引负荷接入系统后，对系统三相电压不平衡会造成极大冲击，容易引起三相电压不平衡指标超过国家标准，影响电力系统的安全稳定运行。

综上，针对该高海拔铁路长大坡道电分相严峻、外部区域电网缺乏有力支撑和三相电压不平衡的问题，牵引所接入外部电网方案的制定需结合铁路地势海拔、外部电网结构、容量特性和牵引网供电方式进行研究。

3.2.2 牵引变电所负序分析

假设牵引变压器三相进线电压为 $\dot{U}_A$、$\dot{U}_B$、$\dot{U}_C$，负荷端口电压为 $\dot{U}_p$。设牵引侧端口电压与一次侧线电压之比为 k_p，则有：

$$k_p = \frac{U_p}{\sqrt{3}U_A} \qquad (p=1,2,3,\cdots) \tag{3-1}$$

用系统变换方法研究牵引变电所负序的一般表达式，可以利用叠加原理得到 n 个单相端口电流共同作用时的原边三相电流：

$$\begin{bmatrix} i_A \\ i_B \\ i_C \end{bmatrix} = \frac{1}{\sqrt{3}} \begin{bmatrix} 1 & 1 & 1 \\ 1 & a & a^2 \\ 1 & a^2 & a \end{bmatrix} \begin{bmatrix} 0 \\ \sum_{p=1}^{n} k_p i_p e^{-j\Psi_p} \\ \sum_{p=1}^{n} k_p i_p e^{j\Psi_p} \end{bmatrix} \tag{3-2}$$

式中：i_A、i_B、i_C 分别表示一次侧三相电流。a 表示单位相量算子，$a=e^{j120°}$。i_p 表示牵引侧相电流。Ψ_p 表示电压 $\dot{U}_p$ 滞后 $\dot{U}_A$ 的相角。

由对称分量法可知：

$$\begin{bmatrix} \dot{F}_A \\ \dot{F}_B \\ \dot{F}_C \end{bmatrix} = \begin{bmatrix} \dot{F}_{A0} & \dot{F}_{A1} & \dot{F}_{A2} \\ \dot{F}_{B0} & \dot{F}_{B1} & \dot{F}_{B2} \\ \dot{F}_{C0} & \dot{F}_{C1} & \dot{F}_{C2} \end{bmatrix} \begin{bmatrix} 1 \\ 1 \\ 1 \end{bmatrix} = \begin{bmatrix} \dot{F}_{A0} & \dot{F}_{A1} & \dot{F}_{A2} \\ \dot{F}_{A0} & a^2\dot{F}_{A1} & a\dot{F}_{A2} \\ \dot{F}_{A0} & a\dot{F}_{A1} & a^2\dot{F}_{A2} \end{bmatrix} \begin{bmatrix} 1 \\ 1 \\ 1 \end{bmatrix}$$
$$= \begin{bmatrix} 1 & 1 & 1 \\ 1 & a^2 & a \\ 1 & a & a^2 \end{bmatrix} \begin{bmatrix} \dot{F}_{A0} \\ \dot{F}_{A1} \\ \dot{F}_{A2} \end{bmatrix} \tag{3-3}$$

因此，正、负序电流通用表达式为：

$$i^+ = \sum_{p=1}^{n} k_p i_p e^{-j\Psi_p} \tag{3-4}$$

$$i^- = \sum_{p=1}^{n} k_p i_p e^{-j(2\Psi_p+\varphi_p)} \tag{3-5}$$

用乘以上式的共轭复数可得通用三相系统的正序、负序功率表达式：

$$\dot{s}^+ = \sum_{p=1}^{n} s_p i_p e^{j\varphi_p} \tag{3-6}$$

$$\dot{s}^- = \sum_{p=1}^{n} s_p e^{j(2\Psi_p + \varphi_p)} \qquad (3\text{-}7)$$

下面介绍牵引变压器不同接线方式下的负序分析。

1. V/v 接线方式牵引变压器电流不平衡度表达式

$$\varepsilon = \frac{I^-}{I^+} = \frac{\sqrt{I_\alpha^2 + I_\beta^2 + 2I_\alpha I_\beta \cos(\varphi_\alpha - \varphi_\beta)}}{\sqrt{I_\alpha^2 + I_\beta^2 + 2I_\alpha I_\beta \cos(\varphi_\alpha - \varphi_\beta - 120°)}} \qquad (3\text{-}8)$$

图 3-1 为 V/v 接线方式牵引变压器电流不平衡度与两臂负荷电流比及阻抗角之间的关系曲线，由图可以看出，这种接线方式下所产生的不平衡度均大于 0.5，主要集中在 0.5~1 之间。

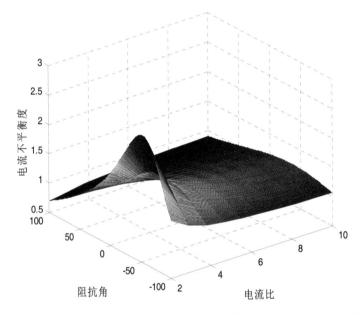

图 3-1　V/v 牵引变压器电流不平衡度与负荷电流比和阻抗角示意图

2. YNd11 接线方式牵引变压器电流不平衡度表达式

$$\varepsilon = \frac{I^-}{I^+} = \frac{\sqrt{I_\alpha^2 + I_\beta^2 + 2I_\alpha I_\beta \cos(\varphi_\alpha + \varphi_\beta - 120°)}}{\sqrt{I_\alpha^2 + I_\beta^2 + 2I_\alpha I_\beta \cos(\varphi_\alpha - \varphi_\beta)}} \qquad (3\text{-}9)$$

图 3-2 为 YNd11 接线方式牵引变压器电流不平衡度与负荷电流比示意图。当两臂动车组均工作在牵引工况或再生制动工况时，电流不平衡度与两臂电流比的关系为曲线 Y1；当左臂工作于牵引工况、右臂工作于再生制动工况时（反过来时具有相同的关系），电流不平衡度与两臂电流比的关系为曲线 Y2。由图可知，两种情况下电流不平衡度都大于 0.5，且当两臂都工作于相同工况时，电流不平衡度在 0.5~1 之间；两臂工作于不同工况时电流不平衡度大于 1。这是两种极端情况。其他情况下（两臂并非完全

的牵引工况或再生制动工况）电流不平衡度也满足上述关系。

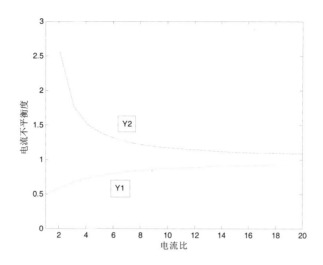

图 3-2　YNd11 牵引变压器电流不平衡度与负荷电流比示意图

3. Scott 接线方式牵引变压器电流不平衡度表达式

$$\varepsilon = \frac{I^-}{I^+} = \frac{\sqrt{I_\alpha^2 + I_\beta^2 - 2I_\alpha I_\beta \cos(\varphi_\alpha - \varphi_\beta)}}{\sqrt{I_\alpha^2 + I_\beta^2 + 2I_\alpha I_\beta \cos(\varphi_\alpha - \varphi_\beta)}} \qquad （3-10）$$

Scott 接线方式牵引变压器电流不平衡度与两臂电流比及阻抗角之间的关系曲线见图 3-3。电流不平衡度主要分布在 0~1 之间。当两臂电流相等时，电流不平衡度最小。

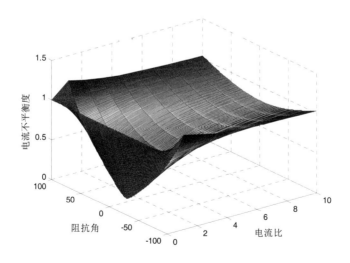

图 3-3　Scott 牵引变压器电流不平衡度与负荷电流比和阻抗角示意图

为了能够更好地反映牵引变电所两供电臂不同工况下负序电流与负荷电流的关系，定义 $f(k)$ 为负序电流与端口 2 折算到一次侧的负荷电流比，则：

$$f(k) = \left| \frac{I^-}{I_2{}^*(K/\sqrt{3})} \right| = \left| \frac{\dfrac{1}{\sqrt{3}} K I_2 (k e^{-j(2\Phi_1+\varphi_1)} + e^{-j(2\Phi_2+\varphi_2)})}{I_2{}^*(K/\sqrt{3})} \right|$$

$$= \left| k e^{-j(2\Phi_1+\varphi_1)} + e^{-j(2\Phi_2+\varphi_2)} \right| \tag{3-11}$$

由式（3-11）可以看出：$f(k)$ 与两供电臂负荷电流的关系与端口电压滞后进线电压参考相角 Φ 和端口功率因数角 φ 有关。

由表 3-1 可知，无论何种工况，V/v 接线方式和 YNd11 接线方式下，负序电流与端口 2 折算到一次侧的负荷电流比完全相同，因此将 V/v 接线方式和 YNd11 接线方式合为一起进行分析。此外无论何种接线方式，两臂同时处于牵引工况和再生制动工况时，负序电流与端口 2 折算到一次侧的负荷电流比完全相同。$f(k)$ 与 k 的关系如图 3-4 所示。

表 3-1　$f(k)$ 与 k 的函数关系式

不同工况	V/v 接线	YNd11 接线方式	Scott 接线
两臂牵引	$f(k)=\sqrt{k^2-k+1}$	$f(k)=\sqrt{k^2-k+1}$	$f(k)=1-k$
一臂牵引 一臂制动	$f(k)=\sqrt{k^2+k+1}$	$f(k)=\sqrt{k^2+k+1}$	$f(k)=1+k$
两臂制动	$f(k)=\sqrt{k^2-k+1}$	$f(k)=\sqrt{k^2-k+1}$	$f(k)=1-k$

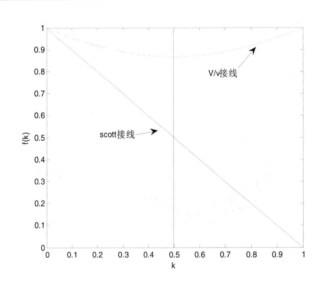

图 3-4　牵引变压器负荷电流比与轻重载比示意图

（1）两端口均处于再生制动工况。

由图 3-4 可知，当牵引变压器采用 V/v 接线方式时，当轻载臂与重载臂的比值 k 从 0 变化到 1 时，$f(k)$ 随 k 值的增加先减小后增大，在 $k=0.5$ 时达到极小值 $\sqrt{3}/2$。采用 Scott 接线方式时，$f(k)$ 随 k 值的增加而减小，并呈线性变化。随着两供电臂负荷电流大小的趋近，抑制负序的效果逐渐变好。当两供电臂电流相等时，负序电流相互抵消，流入电流系统的负序电流为 0。

（2）两端口（其中一个端口存在再生制动工况）。

牵引变压器引前相或者滞后相牵引负荷处于再生工况时，两种情况下负序电流角度相差180°，所以有一供电臂处于再生制动时，不论是引前相还是滞后相，所得到的 $f(k)$ 与 k 的关系是相同的，曲线如图 3-5 所示。

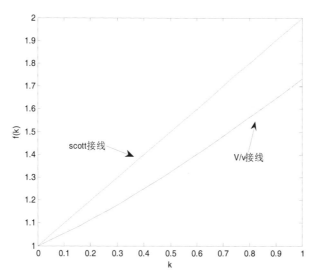

图 3-5　牵引变压器负荷电流比与轻重载比示意图

由图 3-5 可以看出，V/v 接线方式下，负序电流比例系数随 k 值的增大而增大，并且均大于 1。当两臂负荷电流相等时，负序电流比例系数达到最大值 $\sqrt{3}$。Scott 接线方式下，负序电流比例系数随 k 值的增大而增大，并且呈线性变化，当两臂负荷电流相等时，负序电流比例系数达到最大值 2。因此，当一供电臂处于再生制动工况、另一供电臂处于牵引工况时，负序问题最严重，且当两臂负荷电流相等时，负序电流达到最大值。、

3.2.3　牵引所供电方式与接入外部电网方案设计

根据相关标准，牵引供电设施的分布应满足牵引负荷的要求，按满足本线路运输组织方案及能力需求进行相关设施的设计，尽可能减少长大坡道区段的电分相设置，优先采用单相接线牵引变压器。接触网供电及运行方式可采用同相单边或双边供电。但若双边供电方式，势必会加重系统的三相不平衡度。因此，在设计接线方案时，应兼顾电分相个数与系统三相不平衡度之间的矛盾。

因此，牵引所接入方式分别采用单相变压器和 Scott 平衡变压器接入三相电网。相邻多座牵引所接入同一座 500 kV 变电站 200 kV 侧，形成牵引变电所群组供电，为双边供电创造条件。一般情况下，相对于单相变压器，Scott 变压器会降低牵引负荷对系统造成的三相不平衡度。根据牵引所与地方变电站的相对位置，设计 6 种接线方案，

如图 3-6 所示。设置 3 种牵引所群接入外部电网方案,每种方式下再设置 2 种不同的牵引供电方式。具体地,方案 1 中 9 座牵引变压器采用单相变压器,牵引供电方式采用同相单边供电,牵引所间进行换相连接。方案 2 结合铁路沿线地势海拔,由于牵引变压器 5 和 6 的供电臂坡道坡度接近 0,故采用 Scott 变压器,其他采用单相变压器。群组内采用双边供电方式。方案 3 中 9 座牵引变压器采用单相变压器,牵引供电方式采用同相单边供电,牵引所间进行换相连接。为进一步降低系统三相不平衡度,方案 4 中将牵引所 4、5、6、8 和 9 设置为 Scott 变压器。群组间也设置双边供电方式。方案 5 设置 3 个 Scott 变压器,群组间也采用双边供电方式。为减少电分相数量,方案 6 全部采用单相变压器,长大坡道下的牵引所采用双边供电方式,低坡道坡度下采用单边供电方式。

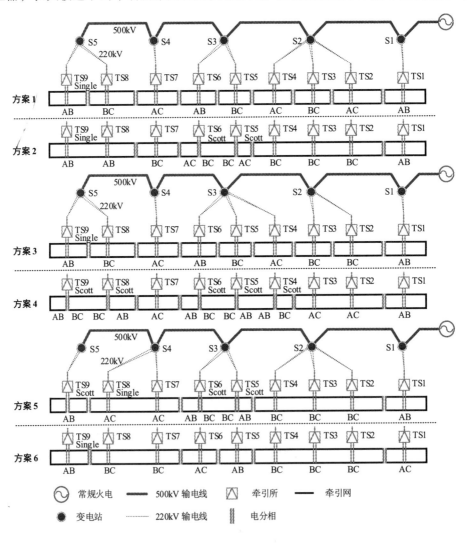

图 3-6　牵引供电方式与牵引所接入外部电网方案示意图

6 种方案的电分相数量对比如表 3-2 所示。由表 3-2 可知,包含 5 个 Scott 变压器的方案 4 电分相数量最多,方案 6 电分相数量最少。

表 3-2 电分相数量统计表

方案	1	2	3	4	5	6
电分相数量	8	6	8	9	7	5

3.3 "源-网-荷"一体化建模

3.3.1 牵引负荷 Simulink 建模

动车组牵引传动系统采用双 PWM 系统进行调速控制,拓扑结构如图 3-7 所示。图中,u_N 和 i_N 分别为车载变压器牵引绕组的输出电压和电流;L_N 和 R_N 分别为牵引绕组漏电感和电阻;C_d 为中间直流侧支撑电容;U_d 为中间直流环节电压;i_a、i_b、i_c 为三相电机定子电流。

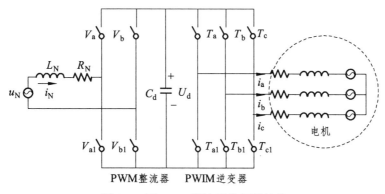

图 3-7 双 PWM 调速系统拓扑结构

其中,脉冲整流器采用 SPWM 调制的瞬态直接电流控制策略,其控制框图如图 3-8 所示。

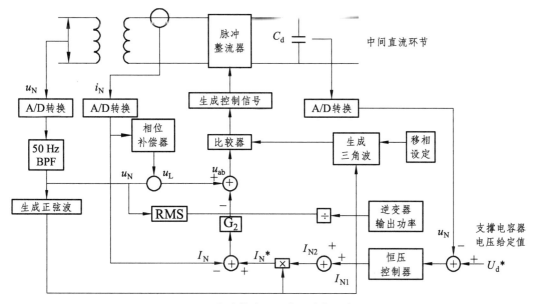

图 3-8 脉冲整流器瞬态电流控制框图

控制原理如下：

$$
\left.\begin{array}{l}
I_{\mathrm{N1}} = K_{\mathrm{p}}(U_{\mathrm{d}}^{*} - U_{\mathrm{d}}) + 1/T_i\!\int(U_{\mathrm{d}}^{*} - U_{\mathrm{d}})\mathrm{d}t \\[2mm]
I_{\mathrm{N2}} = I_{\mathrm{d}}U_{\mathrm{d}}/U_{\mathrm{N}} \\[2mm]
I_{\mathrm{N}}^{*} = I_{\mathrm{N1}} + I_{\mathrm{N2}} \\[2mm]
u_{\mathrm{ab}}(t) = u_{\mathrm{N}}(t) - \omega L_{\mathrm{N}} I_{\mathrm{N}}^{*}\cos\omega t - G_{2}[I_{\mathrm{N}}^{*}\sin\omega t - i_{\mathrm{N}}(t)]
\end{array}\right\}
\qquad(3\text{-}12)
$$

式（3-12）中：U_{d} 为中间直流环节电压；U_{d}^{*} 为中间直流侧给定电压，按 CRH3 车型将其约束在 2700~3600 V 之间；I_{d} 为中间直流环节电流；U_{N} 为网侧电压有效值 1550 V；I_{N}^{*} 为网侧电流给定值；$u_{\mathrm{N}}(t)$ 为网侧电压瞬时值；$i_{\mathrm{N}}(t)$ 为网侧电流瞬时值；ω 为网侧电压角频率；L_{N} 为网侧等效电感；K_{p} 电压比例参数；T_i 为电压积分参数；G_{2} 为电流比例参数。

在 Simulink 中，通过改变动车组给定转速实现动车组制动工况仿真。当降低给定转速后，系统开始制动，电机转速下降，直到到达给定转速为止。Simulink 中的电机不具有实际电机的机械特性及惯性，长大坡道上重力沿坡道的分力无法在 Simulink 的电机中直接体现。因此，Simulink 中电机再生制动只能仿真减速功率，不能反映由重力分力产生的功率。

为解决这一问题，可以将重力沿坡道的分力在 Simulink 中等效为一个功率源，该功率源的功率随着机车速度的变化而变化，由式（3-13）表示。

$$
P_{G} = Mgw_{i}\cdot v \qquad(3\text{-}13)
$$

式（3-13）中：P_{G} 表示重力沿坡道的功率，M 表示动车组质量，g 表示重力加速度，w_{i} 表示坡道千分数，v 表示动车运行速度。重力的功率仅与坡道和动车运行速度有关。在 Simulink 中可用受控源或其他方式表达其功率的变化。

机车在坡道上运行时，由重力分力和基本阻力产生的附加牵引功率 P_{a} 为：

$$
P_{a}(v) = Mgw_{i}\cdot v - Mgw_{0}(v)\cdot v \qquad(3\text{-}14)
$$

当机车在坡道上匀速运行时，制动功率等于附加牵引功率。

根据 CRH3 型动车组双 PWM 调速系统数学模型，并结合表 3-3 中实际交流传动电力机车的设计参数，在 Matlab/Simulink 平台上搭建车载变压器、PWM 整流器、中间直流环节、PWM 逆变器以及异步牵引电机等效仿真模型，如图 3-9 所示。

表 3-3　CRH3 型动车组牵引传动系统主要部件的电气参数

动车组变流器参数			动车组牵引电机参数	
整流器部分	输入功率/（kV·A）	4×1410	定子电阻 R_{s}/Ω	0.15
	输入电压/V	1500	转子电阻 R_{r}/Ω	0.16
	直流环节电压/V	2700~3600	定子自感 L_{s}/H	0.026 82
	整流器 IGBT 型式	6500V/600A	转子自感 L_{r}/H	0.031 40
	整流器开关频率/Hz	350	定、转子互感 L_{m}/H	0.025 41

续表

动车组变流器参数			动车组牵引电机参数	
车载变压器部分	变压器漏电感 I_N/mH	5.89	功率因数	0.89
	变压器绕组电阻 R_N/Ω	0.1425	额定效率	94.7%
中间直流环节	支撑电容 C_d/mF	9.01	最高转速/（r/min）	5900
牵引变流器效率	0.97		额定转差率	0.001

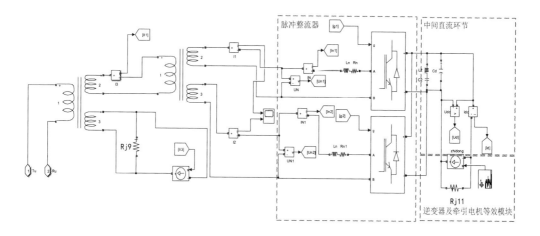

（a）CRH3 型动车组牵引传动单元主电路模型

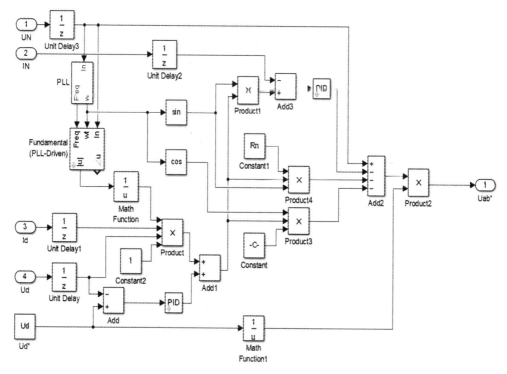

（b）脉冲整流器瞬态电流控制模型

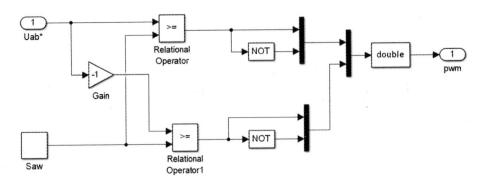

（c）脉冲整流器 SPWM 调制模型

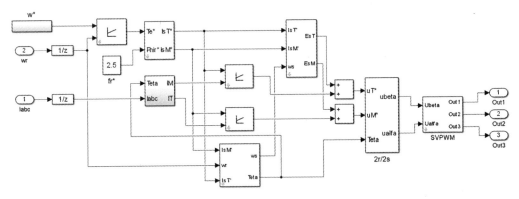

（d）转子磁场定向矢量控制模型

图 3-9　CRH3 型动车组牵引传动单元仿真模型

　　大长坡道与其他线路负荷情况差异很大，可能存在频繁、大幅值的再生制动功率。此外，该铁路沿线缺乏坚强的电网支撑，沿线电网结构如图 3-10 所示。部分区域缺乏高电压等级电网，节点 30 和 35 为拟规划的变电站。根据初步设计，在不同的位置共规划 9 座牵引站。相邻地区常规负荷较小，牵引负荷将成为该地区的重要负荷。

　　根据第 2 章的理论分析，可以得到 t 时刻单个供电臂范围内消耗的总功率为：

$$P_{G,i}^t = \sum_{k=1}^{Num} P_k^t \tag{3-15}$$

式（3-15）中：$P_{G,i}^t$ 表示 t 时刻第 i 个供电臂消耗的功率，Num 表示 t 时刻单个供电臂范围内的所有机车数量，P_k^t 表示第 k 个动车组消耗的功率。

　　因此可以得到 9 座牵引所 18 个供电臂的牵引负荷曲线。一个坡道坡度为 29.5‰和 2.6‰的供电臂负荷曲线（供电臂 1 和 9）如图 3-11 所示。由图可知，在坡道较大的供电臂 1 负荷曲线中，最大牵引功率达到 40 MW，最大制动功率达到-30 MW，并且制动功率频繁。在坡道接近 0 的供电臂 9 负荷曲线中，最大牵引功率约 10 MW，但几乎没有制动功率。表明坡道参数对牵引负荷功率有重要影响，不同坡道参数，牵引负荷特性可能有很大差异。

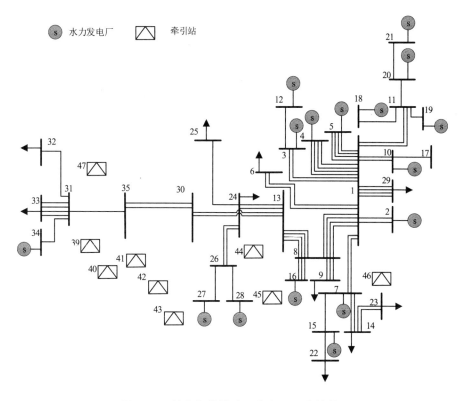

图 3-10 某高海拔铁路沿线电网拓扑结构

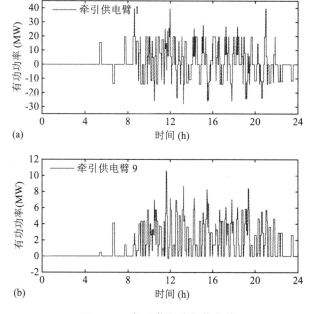

图 3-11 牵引供电臂负荷曲线

3.3.2 "源-网-荷"一体化仿真建模

变电站与变电站之间、变电站与牵引所之间的相关输电线路参数如表 3-4 和表 3-5

所示。变电站二次侧短路电流如表 3-6 所示。

表 3-4　220 kV 电压等级输电线路输电距离

变电站	牵引所	输电距离/km	变电站	牵引所	输电距离/km
S1	TS1	5	S3	TS5	17
S1	TS2	10	S3	TS6	18
S2	TS3	15	S4	TS7	13
S2	TS4	10	S5	TS8	35
			S5	TS9	13

表 3-5　500 kV 电压等级输电线路输电距离

输电线路	输电距离/km
S1-S2	22
S2-3S	15
S3-S4	13
S4-S5	19

表 3-6　500 kV 变电站 220 kV 侧短路电流

变电站	S1	S2	S3	S4	S5
三相短路电流/kA	46.7	19.2	15	15	9.7

依据图 3-10 给出的电网拓扑结构以及表 3-4、表 3-5、表 3-6 给定数据，可在 Matlab/Simulink 中建立"源-网-荷"一体化仿真模型，如图 3-12 所示。

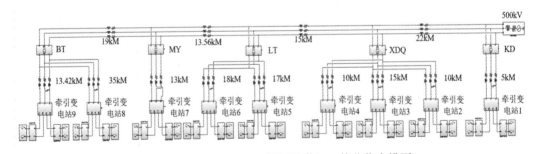

图 3-12　Matlab/Simulink "源-网-荷" 一体化仿真模型

3.4　高海拔山区铁路牵引所供电方式与接入外部电网优化方法

3.4.1　电压不平衡评估依据

依据国家标准《电能质量三相电压不平衡》（GB/T 15543—2008），电网正常运行时，电力系统公共连接点负序电压不平衡度不超过 2%，短时不超过 4%。接于公共连接点（PCC）的每个用户引起该点负序电压不平衡度允许值一般为 1.3%，短时不超过 2.6%。

3.4.2 电压不平衡评估模型

由于单相牵引负荷对 PCC 节点电压不平衡会造成冲击，结合标准，构建电网电压不平衡度评估模型。目标函数如式（3-16）所示。

$$\left.\begin{aligned} \max : f &= \frac{(SUM)^{\lambda_1}}{N_{ESP}^{\lambda_2}} \\ SUM &= \sum_{k=1}^{N_{PCC}} \Delta\varepsilon_{U_{2H}}^{k} + \sum_{i=1}^{N_{TS}} \Delta\varepsilon_{U_{2S}}^{i} \\ \Delta\varepsilon_{U_{2H}}^{k} &= L_H - \varepsilon_{U_{nmbH}}^{k} \\ \Delta\varepsilon_{U_{2S}}^{i} &= L_S - \varepsilon_{U_{nmbS}}^{i} \end{aligned}\right\} \qquad (3\text{-}16)$$

式（3-16）中：$\Delta\varepsilon_{U_{2H}}^{k}$ 表示第 k 个 PCC 节点电压不平衡度裕度。$\Delta\varepsilon_{U_{2S}}^{i}$ 表示 PCC 节点对接入的第 i 个牵引所的电压不平衡允许裕度。N_{PCC} 表示 PCC 节点数量。N_{TS} 表示牵引所数量。λ_1 和 λ_2 为权重系数，且 $\lambda_1 + \lambda_2 = 1$。$L_H$ 表示 PCC 节点允许的三相电压不平衡度限值。L_S 表示单个牵引所对 PCC 节点引起的电压不平衡限值。$\varepsilon_{U_{nmbH}}^{k}$ 表示第 k 个 PCC 节点的三相电压不平衡度。$\varepsilon_{U_{nmbS}}^{i}$ 表示第 i 个牵引所对其 PCC 节点造成的三相电压不平衡度。SUM 表示系统三相电压不平衡裕度。N_{ESP} 表示电分相数量。

在式（3-16）中，$\Delta\varepsilon_{U_{2H}}^{k}$ 刻画一个电网 PCC 节点所有牵引负荷对其电压不平衡度的冲击情况。$\Delta\varepsilon_{U_{2H}}^{k}$ 越小，牵引负荷对其电压不平衡度的冲击越严重。$\Delta\varepsilon_{U_{2S}}^{i}$ 刻画单个牵引所负荷对 PCC 节点电压不平衡冲击情况。$\Delta\varepsilon_{U_{2S}}^{i}$ 越小，表明单个牵引负荷对 PCC 节点冲击越大。因此，SUM 表示牵引负荷对整个系统电压三相不平衡的冲击程度。SUM 越大，表明系统三相不平衡裕度越大，牵引负荷对系统三相不平衡的冲击越小。此外，电分相数量 N_{EPS} 越多，表明机车在整条线路上失电停坡的概率越大。因此，在所有设计方案当中，应该选择目标函数 f 最大的方案，使得整个系统综合运行风险最小。

为保证电压不平衡指标不超过国家标准，需要对相关指标进行约束。考虑到建立的模型未考虑常规负荷造成的电压不平衡情况，这里设置 0.5% 的裕度。因此，建立的约束如式（3-17）所示。

$$\left.\begin{aligned} \Delta\varepsilon_{U_{2H}}^{k} &= L_H - \varepsilon_{U_{nmbH}}^{k} > 0.5\% \\ \Delta\varepsilon_{U_{2S}}^{i} &= L_S - \varepsilon_{U_{nmbS}}^{i} > 0 \end{aligned}\right\} \qquad (3\text{-}17)$$

3.4.3 牵引所供电方式与接入外部电网方案优化求解

将 3.3.1 小节中模拟得到的牵引供电臂日负荷曲线，代入所建"源-网-荷"一体化仿真模型中进行全日周期仿真，得到 PCC 节点三相电压不平衡最大值和单个牵引所对 PCC 节点引起的三相电压不平衡最大值。将不同方案的相关指标代入电压不平衡评估模型，求解出最优方案。电压不平衡度与电分相数量同等重要，λ_1 和 λ_2 取 0.5。

6 种方案下的全日周期内 9 座牵引所对 PCC 节点造成的最大电压不平衡度如图 3-13 所示。需要说明，图 3-13 中的最大电压不平衡值由两个牵引供电臂负荷和牵引变压器类型共同决定。

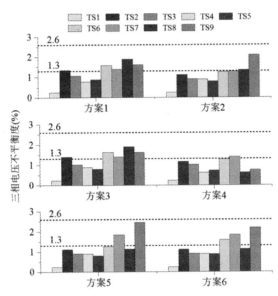

图 3-13　9 座牵引站电压不平衡度评估结果

表 3-7 统计方案 5 和方案 6 中典型时刻不同变压器类型接入地方变电站 5 后 PCC 节点电压不平衡度情况。由表 3-7 可以看出，Scott 变压器与单相变压器几乎呈现相反的平衡特性。单相变压器呈现的三相不平衡度几乎与负荷绝对值成正比。而 Scott 变压器则与两供电臂差的绝对值成正比。因此，当供电臂负荷相同时，不同的变压器呈现的三相电压不平衡度不同。两个供电臂负荷变化会引起电压不平衡度变化。

表 3-7　典型时刻不同变压器类型接入下 PCC 节点电压不平衡度

时刻	左臂功率 /MW	右臂功率 /MW	总功率 /MW	两臂功率差 /MW	Scott 的 VUD/%	单相变压器的 VUD/%
8:52	18.6	16.5	35.1	2.1	0.0625	1.441
9:03	15.6	−11.6	4	27.2	0.8853	0.2166
9:22	−8.46	−13.9	−22.36	−5.44	0.1776	0.6412

进一步，图 3-13 的最大电压不平衡度一般持续时间很短，将它视为瞬时值。标准规定单个用户引起的负序电压不平衡度短时不超过 2.6%。由图 3-13 可知，6 种方案下 9 个牵引站引起的负序电压不平衡度均超过 2.6%。但牵引所 9 在 6 种方案下引起的电压不平衡度均处于较高水平。由表 3-6 可知，这是由牵引所 9 的上级电网 S5 牵引站

220 kV 侧短路容量水平较低引起的。6 种方案下 5 座变电站 220 kV 侧 PCC 节点电压不平衡度情况如图 3-14 所示。在未考虑背景不平衡的情况下，除方案 2 以外，其他方案的 PCC 节点电压不平衡度均低于 3.5%。方案 2 中变电站 5 的 220 kV 侧 PCC 节点电压不平衡度超过 3.5%。若考虑背景不平衡，该 PCC 节点电压不平衡度很可能会超过标准规定的 4%。因此，不推荐该方案。

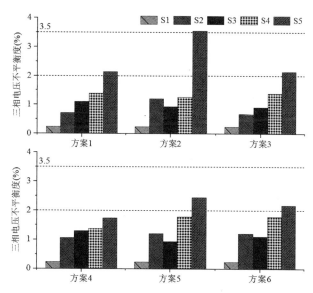

图 3-14　5 座变电站 220kV 侧 PCC 电压不平衡评估结果

表 3-8 表示 6 种方案下的目标函数值、系统电压不平衡裕度及电分相数量。由表 3-8 可知，方案 4 的系统电压不平衡裕度最大。由图 3-6 可知，方案 4 采用 5 个 Scott 变压器，对负荷的三相不平衡起到很好的抑制作用。但这也使得电分相数量达到 9 个，不利于机车在长大坡道上运行。因此该方案目标函数值较小，不推荐该方案。相反，虽然方案 6 的电压不平衡裕度并非最大值，但其电分相数量只有 5 个，使得该方案的目标函数值最大，系统的综合运行风险最小。因此，推荐方案为方案 6。

表 3-8　不同方案下的目标函数值、系统电压不平衡裕度及电分相数量

方案	1	2	3	4	5	6
SUM	27.03	26.28	27.2	29.86	26.16	26.12
N_{ESP}	8	6	8	9	7	5
f	1.84	2.09	1.84	1.82	1.93	2.29

3.5　本章小结

本章针对高海拔山区铁路牵引所供电方式与接入外部电网优化问题，提出优化方案流程。设计牵引所供电方式与接入外部电网方案样本库，模拟每个牵引所供电臂全日周期负荷曲线，在 Simulink 中搭建"源-网-荷"一体化仿真模型，建立系统电压三

相不平衡评估模型。利用仿真得到的三相电压不平衡指标和评估模型评估系统运行风险，选出最优接线方案。得到如下结论：

（1）由于牵引所两供电臂分布在长大坡道上，可能会导致两个供电臂同时出现较大的负荷或者一正一反的负荷，这两种供电臂负荷特性对系统的三相电压不平衡度影响不同，是牵引变压器选取需要考虑的重要因素。

（2）双边供电方式和单相变压器可以减少电分相数量，但也会增大系统的三相电压不平衡度。Scott 变压器可以降低三相不平衡度，但会增加电分相数量。

（3）在设计牵引供电方式时，需兼顾考虑上级电网三相不平衡与电分相数量之间的矛盾。

【 第 4 章 】 >>>>
考虑高铁负荷和风光不确定性的输电网规划

4.1 引 言

为对复杂山区含高铁负荷和风光电站的输电网进行合理规划，本章提出考虑高铁负荷和风光不确定性的输电网随机规划方法。首先，对具有间歇性和冲击性的高铁负荷，通过拉普拉斯混合模型结合二项分布对其进行建模。其次，针对直流随机潮流不能计及电压分布、交流随机潮流模型较为复杂的问题，本章以解耦线性潮流计算为基础，提出一种基于解耦线性化的半不变量随机潮流计算方法，并基于此构建考虑电压偏差的输电网规划模型。然后，针对输电网规划求解问题中决策变量维度高、约束复杂的特性，通过自适应地动态调整进化过程中交叉、变异概率对遗传算法进行改进。最后，对某高海拔山区铁路沿线电网进行仿真研究，验证本模型和求解算法的正确性与有效性。

4.2 高铁负荷概率建模

高速铁路的牵引负荷是移动的大功率冲击性电力负荷，列车在运行过程中受到行车组织、线路条件和自然环境等因素的影响，具有很强的随机性和波动性，对高海拔山区铁路沿线电网规划造成困难。本章通过实测的牵引负荷数据，采用概率统计分析方法对牵引负荷的概率统计特征和分布特性进行研究。

由于高铁负荷具有明显的日周期性，因此利用某变电站某日的高铁负荷数据对高铁负荷概率密度分布情况进行分析。首先作出高铁负荷频率直方图，如图 4-1 所示。高铁负荷的频率直方图在零负荷处具有一个明显的尖峰脉冲，这是由高铁负荷的间歇性造成的。不是任意时刻都有机车在供电臂上运行，这与系统行车密度有关。因此，高铁负荷总体呈现二项分布特征。

为便于观察，去掉零负荷后，重新绘制高铁负荷频率直方图，如图 4-2 所示。由图 4-2 可以看出，高铁负荷在某些特殊的功率上出现频率较大。由于牵引供电系统分相分段的特殊结构，导致高铁负荷具有较大的移动冲击特性，这种冲击特性正好体现在高频率负荷上。为更好地描述这种冲击特性，引入拉普拉斯分布来拟合高铁概率密度分布。拉普拉斯分布又称双指数分布，具有良好的冲击拟合特性。此外，考虑到图中有多个冲击点，采用拉普拉斯混合分布（LMM）对高铁负荷进行拟合。

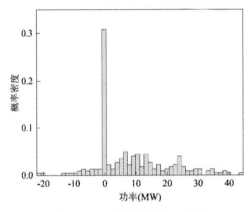

图 4-1　高铁负荷频率直方图

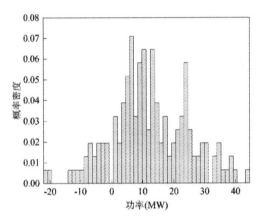

图 4-2　去掉零负荷后的高铁负荷频率直方图

设有随机变量 X，则拉普拉斯分布的概率密度函数为：

$$p(x) = \frac{1}{2\lambda}\exp\left(\frac{-|x-\mu|}{\lambda}\right) \tag{4-1}$$

式（4-1）中：μ 为位置参数，λ 为形状参数。可记为：

$$X \sim L(x|\mu,\lambda) \tag{4-2}$$

则混合拉普拉斯模型可以用下式表示：

$$p(x) = \sum_{k=1}^{K}\pi_k L(x|\mu_k,\lambda_k) \tag{4-3}$$

式（4-3）中：$L(x|\mu_k, \lambda_k)$ 称为混合模型中的第 k 个分量（component），K 为混合分量个数，π_k 是混合系数（mixture coefficient），且满足：

$$\sum_{k=1}^{K}\pi_k = 1,\ 0 \leqslant \pi_k \leqslant 1 \tag{4-4}$$

将高铁负荷概率密度分解成拉普拉斯混合分布和二项分布的组合。假设零负荷出现的概率为 p，那么其他负荷出现的概率为 $1-p$，在 $1-p$ 的情况下认为高铁负荷服从拉普拉斯混合分布。因此，高铁负荷总的概率密度函数可表示为式（4-5）：

$$f(x) = \begin{cases} p & x = 0 \\ \sum_{k=1}^{K} \pi_k L(x \mid \mu_k, \lambda_k) & x \neq 0 \end{cases} \qquad (4\text{-}5)$$

利用 EM 算法迭代求解拉普拉斯混合分布中的参数，得到的结果如图 4-3~图 4-5 所示。

由图 4-3~图 4-5 可以看出，拉普拉斯混合分布中子成分越多，拟合效果越好。这里利用 7 个子成分对其进行拟合。通过绝对平均误差（MEA）、均方根误差（RMSE）和余弦夹角变换式（Icos）3 个指标，评价概率密度分布模型拟合效果的准确性。指标值越小，模型越精确。从表 4-1 可以看出，随着子成分的增加，模型精确度逐步提高。

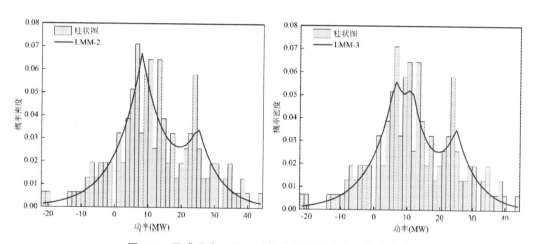

图 4-3　子成分为 2 和 3 时拉普拉斯混合分布拟合曲线

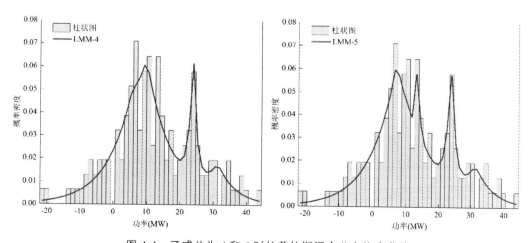

图 4-4　子成分为 4 和 5 时拉普拉斯混合分布拟合曲线

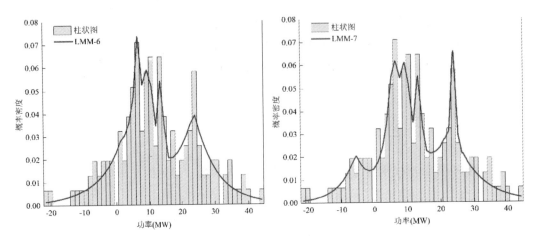

图 4-5　子成分为 6 和 7 时拉普拉斯混合分布拟合曲线

表 4-1　高铁负荷概率密度拟合精度表

Distribution	MEA	RMSE	Icos
LMM-7	0.00563974	0.007205	0.0352447
LMM-6	0.00590957	0.0078691	0.042287
LMM-5	0.00563255	0.0081293	0.04526
LMM-4	0.00593969	0.0087808	0.0527742
LMM-3	0.00714799	0.0099258	0.0682743
LMM-2	0.00729576	0.0105458	0.0769689
LMM-1	0.0086736	0.012782	0.1110371

4.3　潮流方程解耦线性化

本节提出一种基于解耦线性化的半不变量随机潮流计算方法，本方法以解耦线性潮流计算为基础，在保留线性化模型高效性的基础上，准确计及节点电压概率分布，以弥补直流随机潮流的不足。

4.3.1　潮流方程解耦线性化

由交流潮流方程可知，节点 i 的注入功率方程可以表达为：

$$\left.\begin{aligned}
P_i &= g_{ii}V_i^2 + \sum_{j=1,j\neq i}^{n}[g_{ij}V_i(V_i - V_j\cos\theta_{ij}) - b_{ij}V_iV_j\sin\theta_{ij}] \\
Q_i &= -b_{ii}V_i^2 - \sum_{j=1,j\neq i}^{n}[b_{ij}V_i(V_i - V_j\cos\theta_{ij}) + g_{ij}V_iV_j\sin\theta_{ij}]
\end{aligned}\right\} \tag{4-6}$$

式（4-6）中：P_i、Q_i 分别为注入节点 i 的有功、无功功率；g_{ii}、b_{ii} 分别为节点 i 的自电导和自电纳；g_{ij}、b_{ij} 分别为线路 ij 的电导和电纳；V_i、V_j 分别为节点 i、j 的电压幅值，θ_{ij} 为节点 i、j 之间的电压相角差。

由数学近似公式可以将式（4-6）中的非线性项表达为：

$$\left.\begin{array}{l} V_i(V_i - V_j\cos\theta_{ij}) \approx V_i - V_j \\ V_iV_j\sin\theta_{ij} \approx \theta_i - \theta_j \\ V_i^2 \approx V_i \end{array}\right\} \tag{4-7}$$

将式（4-7）代入式（4-6）后最终可以得到线性化的潮流方程为：

$$\left.\begin{array}{l} P_i = \sum_{j=1}^n G_{ij}V_j - \sum_{j=1}^n B_{ij}'\theta_j \\ Q_i = -\sum_{j=1}^n B_{ij}V_j - \sum_{j=1}^n G_{ij}\theta_j \end{array}\right\} \tag{4-8}$$

式中：$G_{ij} + jB_{ij}$ 是节点导纳矩阵元素；$G_{ij}' + jB_{ij}'$ 为不含自导纳的节点导纳矩阵元素。

同理，由式（4-7）的近似简化可以得到线路 ij 的线性化有功潮流计算公式。

$$P_{ij} = g_{ij}(V_i - V_j) - b_{ij}(\theta_i - \theta_j) \tag{4-9}$$

4.3.2 基于解耦线性化的半不变量随机潮流

将节点注入功率、支路有功潮流、节点电压、节点相角的随机变量分别表示为：

$$\left.\begin{array}{l} \boldsymbol{P} = \boldsymbol{P}_0 + \Delta\boldsymbol{P} \\ \boldsymbol{Q} = \boldsymbol{Q}_0 + \Delta\boldsymbol{Q} \\ \boldsymbol{V} = \boldsymbol{V}_0 + \Delta\boldsymbol{V} \\ \boldsymbol{\theta} = \boldsymbol{\theta}_0 + \Delta\boldsymbol{\theta} \\ \boldsymbol{P}_L = \boldsymbol{P}_{L0} + \Delta\boldsymbol{P}_L \end{array}\right\} \tag{4-10}$$

式（4-10）中：$\boldsymbol{P}_0$、$\boldsymbol{Q}_0$、$\boldsymbol{V}_0$、$\boldsymbol{\theta}_0$、$\boldsymbol{P}_L$ 分别为节点注入有功功率、节点注入无功功率、节点电压、节点相角和支路功率的期望值向量；$\Delta\boldsymbol{P}$、$\Delta\boldsymbol{Q}$、$\Delta\boldsymbol{V}$、$\Delta\boldsymbol{\theta}$、$\Delta\boldsymbol{P}_L$ 分别为相应的半不变量。

将式（4-8）、（4-9）写成矩阵形式：

$$\begin{bmatrix} \boldsymbol{P} \\ \boldsymbol{Q} \end{bmatrix} = -\begin{bmatrix} \boldsymbol{B}' & -\boldsymbol{G} \\ \boldsymbol{G} & \boldsymbol{B} \end{bmatrix}\begin{bmatrix} \boldsymbol{\theta} \\ \boldsymbol{V} \end{bmatrix} \tag{4-11}$$

$$\boldsymbol{P}_L = [-\boldsymbol{B}\ \ \boldsymbol{G}]k\begin{bmatrix} \boldsymbol{\theta} \\ \boldsymbol{V} \end{bmatrix} \tag{4-12}$$

式（4-12）中：k 为对应系统支路的节点关联向量。

根据半不变量的线性可加性和节点注入功率与支路潮流的关系，通过注入功率的半不变量，可求得节点相角、电压和支路功率的半不变量：

$$\begin{bmatrix} \Delta\boldsymbol{\theta} \\ \Delta\boldsymbol{V} \end{bmatrix} = -\begin{bmatrix} \boldsymbol{B}' & -\boldsymbol{G} \\ \boldsymbol{G} & \boldsymbol{B} \end{bmatrix}^{-1}\begin{bmatrix} \Delta\boldsymbol{P} \\ \Delta\boldsymbol{Q} \end{bmatrix} \tag{4-13}$$

$$\Delta\boldsymbol{P}_L = -[-\boldsymbol{B}\ \ \boldsymbol{G}]k\begin{bmatrix} \boldsymbol{B}' & -\boldsymbol{G} \\ \boldsymbol{G} & \boldsymbol{B} \end{bmatrix}^{-1}\begin{bmatrix} \Delta\boldsymbol{P} \\ \Delta\boldsymbol{Q} \end{bmatrix} \tag{4-14}$$

通过 Gram-Charlier 级数展开式，可以求取节点电压、相角和支路潮流的分布函数与概率密度函数。

4.4 输电网随机规划模型

为计及高铁负荷与风、光出力等不确定因素，在基于解耦线性化的半不变量随机潮流基础上，输电网规划模型综合考虑输电线路建设投资等年值费用、年网损功率期望值费用和节点电压偏差，对新建输电线路和扩展线路进行决策。与传统的基于直流随机潮流的输电网随机规划模型相比，模型可以计及无功功率与节点电压，规划结果更为安全可靠。

4.4.1 目标函数

输电网随机规划模型的目标函数如下：

$$\min F(x) = f_c(x) + f_l(x) + f_u(x) \tag{4-15}$$

其中：

$$\left.\begin{aligned}
f_c(x) &= \sum_{i=1}^{k}\left[\frac{R(1+R)^y}{(1+R)^y-1}+\gamma\right]C_i z_i L_i \\
f_l(x) &= E\left(\sum_{i=1}^{m}\frac{\rho\tau}{V_N^2}r_{ij}P_{ij}^2\right) \\
f_u(x) &= E\left(\sum_{i=1}^{n}\alpha\,|\,V_i-V_N\,|\right)
\end{aligned}\right\} \tag{4-16}$$

式（4-16）中：$f_c(x)$ 为考虑贴现率的新增线路投资等年值费用；$f_l(x)$ 为年网损费用期望值目标；$f_u(x)$ 为节点电压偏差期望值目标；k 为待建线路走廊数；m 为所有输电线路数；n 为系统的节点个数；R 为贴现率；y 为工程经济使用年限；γ 为工程固定运行费用率；C_i 为支路 i 一回线路单位长度造价；z_i 为支路 i 待建线路回数；L_i 为支路 i 的线路长度；ρ 为网损单位电价；τ 为最大负荷损耗时间；V_N 为系统额定电压；r_{ij} 为线路 ij 的电阻；α 为电压偏差惩罚系数。

4.4.2 约束条件

为保证电网基本的可靠运行，在优化过程中需要对电网运行条件进行约束。

（1）潮流平衡约束：

$$\left.\begin{aligned}
P_{g,i}+P_{rg,i}-P_{d,i} &= \sum_{j=1}^{n}G_{ij}V_j-\sum_{j=1}^{n}B_{ij}'\theta_j \\
Q_{g,i}+Q_{rg,i}-Q_{d,i} &= -\sum_{j=1}^{n}B_{ij}V_j-\sum_{j=1}^{n}G_{ij}\theta_j
\end{aligned}\right\} \tag{4-17}$$

式（4-17）中：$P_{g,i}$、$Q_{g,i}$ 分别为常规机组 i 的有功与无功出力；$P_{rg,i}$、$Q_{rg,i}$ 分别为新能源机组 i 的有功与无功出力，指的是光伏与风电机组；$P_{d,i}$、$Q_{d,i}$ 分别为节点 i 的有功与无功负荷。

（2）支路潮流约束：

$$P_{ij} \leqslant P_{ij}^{\max} \tag{4-18}$$

式（4-18）中：$P_{ij}^{\max}$ 为支路 ij 的最大容量。

（3）节点电压与相角约束：

$$\left.\begin{array}{l} V_i^{\min} \leqslant V_i \leqslant V_i^{\max} \\ \theta_i^{\min} \leqslant \theta_i \leqslant \theta_i^{\max} \end{array}\right\} \tag{4-19}$$

式（4-19）中：$V_i^{\max}$、$V_i^{\min}$ 分别为节点 i 的电压幅值的上下限；$\theta_i^{\max}$、$\theta_i^{\min}$ 分别为节点 i 相角的上下限。

（4）新建线路数目约束：

$$0 \leqslant k \leqslant k_{\max} \tag{4-20}$$

式（4-20）中：$k_{\max}$ 为新建线路数目的上限。

4.5 模型求解

4.5.1 种群初始化

使用遗传算法对上述模型进行求解，由于电网规划旨在待选线路集中选择新建线路，以构成新的电网拓扑结构。算法进行种群初始化操作，针对需要求解的变量是每条待选线路是否被选择建设，因此遗传算法可采用如式（4-21）所示的二进制编码。

$$\left.\begin{array}{l} P_i = [z_1, z_2, \cdots, z_n] \\ z_j = \{0,1\}, \quad j = 1, 2, \cdots, n \end{array}\right\} \tag{4-21}$$

式（4-21）中：P_i 为种群中的第 i 个个体，n 为待选线路条数，z_j 为 1 则表示第 j 条待选线路被选择为新建线路，反之则不建设此条待选线路。交叉算子采用多点交叉策略，相较于遗传算法典型的单点交叉策略，多点交叉策略能够产生更多样的个体，其实现方式为随机生成两个位置随机数 $pos1$ 和 $pos2$，将 P_i 与 P_j 两个个体的中间部分 $P_i = [\cdots, z_{pos1}, \cdots, z_{pos2}, \cdots]$、$P_j = [\cdots, z_{pos1}, \cdots, z_{pos2}, \cdots]$ 的 $[z_{pos1}, \cdots, z_{pos2}]$ 进行交换。二进制编码策略中变异算子即为取反运算。选择策略采用锦标赛选择机制，通过两两配对选取其中一个优势个体进入下一代，来保证种群不断向更好的位置进化。

4.5.2 自适应概率进化策略

针对输电网之间及其与多个高铁负荷节点之间暂未连通的特性，采用进化算法寻找最优规划方案时，种群进化前期的多数解尚且不满足系统连通性约束，个体适应度值都被赋值为无穷大，所以在遗传算法种群进化初期应该大量采用交叉、变异操作来提高种群多样性，以寻找到满足约束的个体。另外，由于输电网规划问题是一个整数优化问题，在种群进化后期不需要再频繁进行交叉、变异操作来探索局部小范围内的最优解，因此采用一种自适应策略在种群进化过程中动态调整交叉、变异概率，使其能更加适用于求解输电网整数规划问题。

按交叉、变异的初始概率为 $P_{c0} = 0.9$、$P_{m0} = 0.1$，进化过程中在第 t 代的动态交叉、变异概率分别如式（4-22）、式（4-23）所示。

$$P_c = P_{c0} \times \frac{t_{max} - t}{t_{max}} \tag{4-22}$$

$$P_m = P_{m0} \times \frac{t_{max} - t}{t_{max}} \tag{4-23}$$

通过在遗传算法进化过程中采用交叉、变异概率自适应策略，可以在种群进化前期很好地开发未知搜索区域，扩大搜索范围；而在种群进化后期，由于 P_c 和 P_m 都变的很小，种群中的个体将不会再频繁执行交叉、变异算子而改变自身位置，因此可以有效降低整个算法种群进化过程中的计算量。

4.5.3 种群更新

合并原始种群与执行进化算子生成的新一代种群，选取其中适应度值较小的种群规模 N 个个体进入新一代继续参与进化更新，直至达到收敛条件或最大迭代次数。

改进的自适应遗传算法流程图如图 4-6 所示。

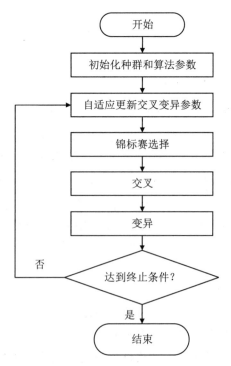

图 4-6　改进的自适应遗传算法流程图

4.6 算例分析

4.6.1 案例分析

以某高海拔山区铁路沿线电网为例进行仿真计算，该电网结构如图 4-7 所示，该系统由子系统 1 和子系统 2 通过拟规划的变电站 30 与 35 连通，整个系统原有 32 条输电线路，16 台总装机容量为 4580 MW 的水电机组，常规负荷大小为 3800 MW，拟规划新建 2 个光伏变电站、1 个风电变电站和 9 个牵引变电站，其不确定性模型分别采用 Beta 分布、Weibull 分布和第 1 节建立的拉普拉斯混合分布。待选线路数为 38 条，电压偏差惩罚系数为 100。

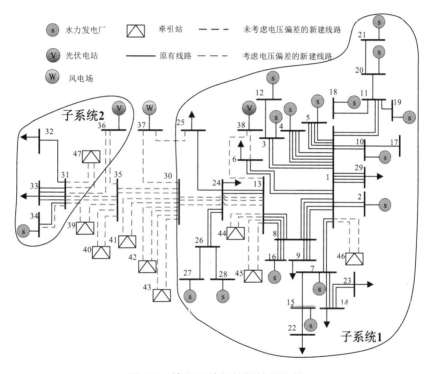

图 4-7　输电网随机规划结果比较

为研究考虑电压偏差对输电网随机规划的影响，分别采用考虑电压偏差的输电网规划模型和未添加 $f_u(x)$ 的模型进行仿真计算，最终结果如图 4-8 所示。从图中可以看出，未考虑电压偏差的光伏电站 36、38 和风电场 37 接入节点分别为 35、13 和 30，考虑电压偏差后接入节点变为 31、6 和 25，这是因为考虑电压偏差后为避免间歇性电源给整个系统造成大的扰动，将其直接接入负荷节点，促进其就地消纳。考虑电压偏差后支路 31-34 将扩建一条线路，支路 13-30 采用 2 条线路，这是因为系统 2 和子系统 1 的联络处网架较为薄弱，且电源较少、牵引站规划较多。为更好地调控潮流分布，需要增设线路。牵引站 39 由接入的 35 号节点改为接入 31 号节点，这是因为 31 号节点直接和水电相连，输电损耗较小，更有利于电压稳定。图 4-8 为两种方案的电压值比较分析，从图中可以看出，在目标函数中考虑电压偏差，能使各节点电压更接近额定电压，以避免大扰动造成电压幅值越限。

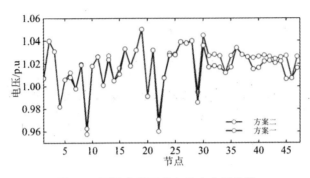

图 4-8　不同方案下的各节点电压比较

　　为进一步分析采用基于解耦线性化的半不变量随机潮流计算方法的精度，以支路 13-30 潮流和节点 30 电压为例，与半不变量交流随机潮流、蒙特卡洛法进行比较，概率分布结果如图 4-9 所示。并为定量描述准确性，以蒙特卡洛法计算结果为标准，采用 RMSE 和希尔不等系数 TIC 分析随机潮流的计算误差如表 4-2 所示。从图 4-9 和表 4-2 中可以看出，采用提出的随机潮流计算方法和交流随机潮流计算结果相差不大，均能达到较高的计算精度。将解耦线性随机潮流和交流随机潮流分别用于输电网规划，并分别对计算时间进行统计，得到的计算时间分别为 21.41 s 和 32.13 s，可见所提出的方法在输电网不确定规划方面更具有高效性。

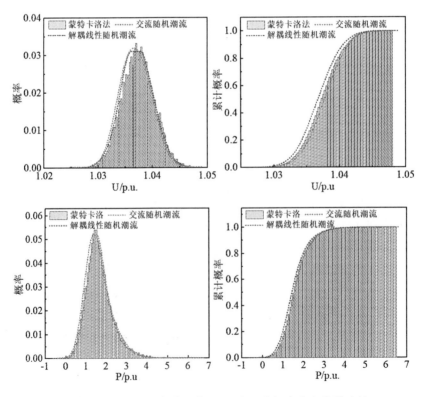

图 4-9　支路 13-30 潮流和节点 30 电压的概率分布曲线比较

表 4-2 不同模型的误差统计结果

模型	电压		支路潮流		求解时间（s）
	RMSE	TIC	RMSE	TIC	
解耦线性随机潮流	0.003524	0.1171	0.000874	0.024	21.41
交流随机潮流	0.003513	0.1167	0.000796	0.022	32.13

4.6.2 求解对比验证

设置遗传算法种群规模 N 为 100，最大迭代次数 t_{max} 为 200，种群个体适应度值即为目标函数值。由于遗传算法和人工鱼群算法都被广泛应用于求解输电网规划问题，新提出的方法与其对比来体现自适应遗传算法在求解输电网规划问题上的优势，各算法种群进化过程中最优个体的变化如图 4-10 所示。

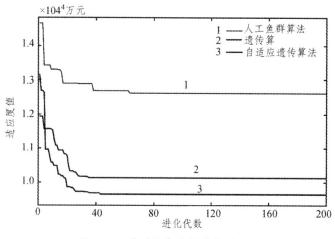

图 4-10 种群最优个体进化过程图

从图 4-10 中可以看出，人工鱼群算法陷入局部最优，寻找到的解质量很差，由此可见人工鱼群算法无法求解更多节点的输电网规划问题。而遗传算法由于本身的算子可以很好地优化二进制编码决策变量，所以表现出更好的优化效果；而提出的改进自适应遗传算法由于在前期采用较大的交叉、变异概率，能够开发到更多的搜索区域并探索到更多的局部最优解，在种群进化后期能够寻找到适应度值更小的规划方案。因此，采用所改进的自适应遗传算法，在求解复杂的大规模节点输电网规划问题中具有较高的有效性。

4.7 本章小结

本章提出了一种考虑高铁负荷和风光不确定输电网规划方法，主要工作和结论如下：

（1）采用拉普拉斯混合分布对非零处的高铁负荷进行模拟，并考虑零负荷出现概率较大的情况与二项分布组合。结果表明：采用子成分较高的拉普拉斯混合模型具有更好的拟合效果。

（2）提出的一种基于解耦线性化的半不变量随机潮流计算方法，可在不失精度的情况下降低模型复杂度，提高模型求解效率，并能够考虑电压分布，可用于构建考虑电压偏差的输电网规划模型，能有效提高输电网电压水平。

（3）通过自适应调整种群在进化过程中的交叉、变异算子执行概率，可以提升传统遗传算法的综合寻优能力。

【 第 5 章 】>>>> 考虑坡道参数的动车组再生制动对牵引网及电网的影响分析

5.1 引 言

在研究动车组经长大下坡路段再生制动能量对牵引网-动车组系统的影响时，仿真模型的准确性十分重要。根据牵引网模型和动车组模型的国内外研究现状，已有的通过建模开展与长大下坡路段动车组再生制动能量相关的研究中，通常将动车组等效为电流源或恒功率源，牵引网回路与车体-车载变流器-接地线-钢轨回路间的电气耦合作用鲜有考虑。因此，本章以我国典型高速列车 CRH3 型动车组为例，建立包含脉冲整流器、逆变器、牵引电机的牵引传动模型，通过对牵引电机相电压、相电流的矢量关系分析，拓展双 PWM 调速控制系统在制动工况下的数学模型。根据 CRH3 型动车组与牵引网的电气连接关系，建立牵引网-动车组耦合仿真模型，考虑复杂牵引网-车顶高压电缆-车载变流器-车体-接地线-钢轨等多个部件，增加模型的准确性，并在此基础上分析动车组再生制动工况对牵引网及电网电压的影响。

5.2 高速铁路牵引网建模

针对带回流线的直接供电方式牵引网，沿用基于链式多导体的牵引网降阶建模方法，将牵引网进行特定长度的切割，在保持其分布参数特性的基础上建立起带回流线的直接供电方式牵引网链式网络模型。链式网络模型由串联子网和并联支路两个部分组成。串联子网通过牵引变电所、分区所和机车形成的电流支路进行分割，牵引变电所、机车形成各串联子网间的并联支路。

带回流线的直接供电方式牵引网横截面如图 5-1 所示。其中部分平行导体间每隔一段距离均会通过横连线进行连接，因此在建模过程中可合并等电位的导体。

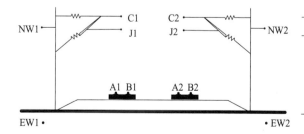

图 5-1 带回流线直接供电方式牵引网横截面示意图

例如，上行承力索 C1 与接触线 J1 可合并为接触网 T1，上行两条钢轨 A1、B1 可合并为一条轨线 R1，下行线同理。基于牵引网中各导线平行分布的几何特性，可通过电流支路将牵引网分成多个断面，如图 5-2 所示。电流支路将牵引网分割为若干个串联子网，串联子网中的平行多导体传输线构成串联支路，采用 π 形集中参数电路等效各子网的多根导线，可将整个牵引网等效为链式网络，如图 5-3 所示。

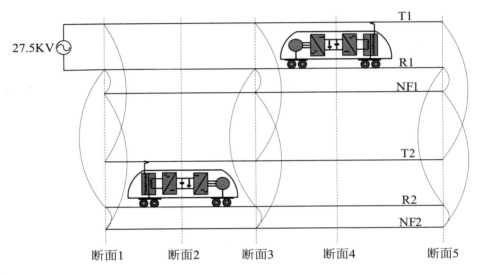

图 5-2 带回流线直供牵引网断面划分示意图

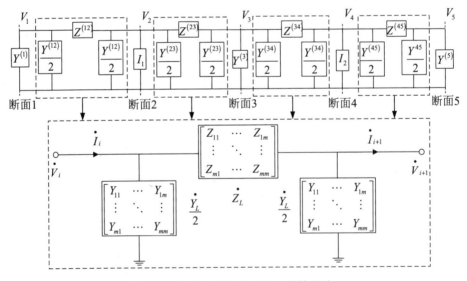

图 5-3 牵引网断面划分后的等效电路

图 5-3 中，$Y^{(1)}$ 为断面 1 上的牵引变电所模型，I_1、I_2 为断面 2、4 上由机车等效的谐波电流源，$Y^{(3)}$ 为断面 3 上的自耦变压器模型，$Y^{(5)}$ 为断面 5 上的牵引网末端模型，断面 i（$i = 1, 2, 3, 4$）与断面 $i+1$ 间的平行多导体均采用 π 形电路进行等效。对于断面 i

与断面 $i+1$ 间的串联子网，可将各支路的阻抗及导纳通过 $m \times m$ 阶的矩阵表示，其中 m 为牵引网中平行传输导体的数目。设子网中各导体电压、电流相量分别为 $\dot{U}(x)$、$\dot{I}(x)$，阻抗及导纳矩阵分别为 $\dot{Z}(x)$、$\dot{Y}(x)$，可得串联子网的稳态方程如下：

$$\left.\begin{aligned}\frac{\mathrm{d}\dot{U}(x)}{\mathrm{d}x} &= -\dot{Z}(x)\dot{I}(x) \\ \frac{\mathrm{d}\dot{I}(x)}{\mathrm{d}x} &= -\dot{Y}(x)\dot{U}(x)\end{aligned}\right\} \tag{5-1}$$

综上所述，若将牵引网切割为 N 个部分，可知该牵引网总体链式网络模型的形式如图 5-4 所示。

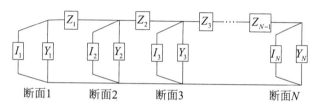

图 5-4　牵引网总体链式模型示意图

收集到带回流线直供方式牵引供电系统各导线主要参数及位置（以左侧轨面中心为坐标原点）如表 5-1 所示。

表 5-1　复线全并联带回流直供牵引网各导线主要参数表

导体名称	符号	型号	直流电阻/ （Ω/km）	计算半径 /cm	水平坐标 /cm	垂直坐标 /cm
接触线	JW	CTCZ-150	0.159 67	0.72	0	645
承力索	CW	JTCZ-120	0.242	0.7	0	785
钢轨	R	60kg	0.135	1.279	−71.75 71.75	0
回流线	NW	LBGLJ-240/30	0.1181	0.0108	−340	780
贯通地线	EW	DH-70	0.312	0.437	−400	−246

在牵引网链式网络模型的参数计算中，可结合多导体传输线理论以及各导线的几何尺寸、空间位置，通过列写阻抗矩阵和电位系数矩阵，对矩阵进行变换，从而确定导体的感性及容性耦合参数。其中，模型通过将接触线和承力索合并为接触网、将两根平行的钢轨合并为一条钢轨实现矩阵降阶。

由串联子网的稳态方程式（5-1）可知，平行多导体的π形等效电路中，阻抗矩阵满足以下关系式：

$$
\begin{bmatrix} \dfrac{dU_1}{dx} \\ \vdots \\ \dfrac{dU_i}{dx} \\ \vdots \\ \dfrac{dU_m}{dx} \end{bmatrix} = \begin{bmatrix} Z_{11} & \cdots & Z_{1i} & \cdots & Z_{1m} \\ & \ddots & & \ddots & \\ \vdots & \cdots & Z_{ii} & Z_{ij} & \vdots \\ & \ddots & & \ddots & \\ Z_{m1} & \cdots & Z_{mi} & \cdots & Z_{mm} \end{bmatrix} \begin{bmatrix} I_1 \\ \vdots \\ I_i \\ \vdots \\ I_m \end{bmatrix} \qquad (5\text{-}2)
$$

式中：U_i、I_i 分别为第 i 根导线的电势、电流；Z_{ii} 为第 i 根导线的自阻抗；Z_{ij} 为第 i 根与第 j 根导线间的互阻抗；Z_{ii}、Z_{ij} 可利用 Carson 理论进行计算。

Carson 理论在满足基尔霍夫定律及线路中存在相等电压降的情况下，虚构一条在大地深处的返回导线，所有的架空线均与这条返回导线构成一个回路，建立以大地作为回流部分的架空导线模型。如图 5-5 所示，表示单根导线情况下与双根导线情况下的 Carson 等效模型。

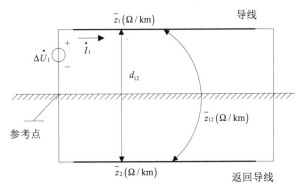

（a）"单根导线-地"回路的 Carson 线路

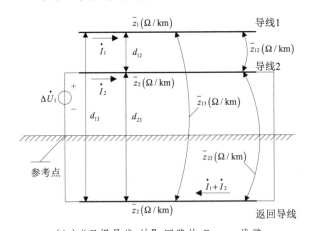

（b）"双根导线-地"回路的 Carson 线路

图 5-5　Carson 等效模型

下面将利用 Carson 等效模型计算链式模型中的单位长度电气参数：自阻抗、互阻抗和电容。

5.3　阻抗矩阵参数计算

图 5-5 中所示自阻抗、互阻抗等利用 Carson 公式计算：

$$
\left.
\begin{aligned}
Z_{ii} &= r_i + r_e + \mathrm{j}0.1466\lg\frac{D_g}{R_{\varepsilon i}} \\
Z_{ij} &= r_e + \mathrm{j}0.1466\lg\frac{D_g}{d_{ij}} \\
D_g &= \frac{0.2085}{\sqrt{f\sigma\times10^{-9}}}
\end{aligned}
\right\}
\tag{5-3}
$$

式中：r_i 为各导线直流电阻（Ω/km）；r_e 为大地电阻，按经验值取 0.0493 Ω/km；$R_{\varepsilon i}$ 为各导线的等效半径；d_{ij} 为导体 i、j 之间的空间距离；f 为电流频率，取工频 50 Hz；D_g 为地球等效深度，当土壤电导率 $\sigma = 10^{-4}$/（Ω·cm）时通常将其视为 930 m。由于普通路段中贯通地线埋于地下，与其他架空的导线间的互阻抗可忽略不计，故对于贯通地线，模型中仅考虑它与钢轨线间的互阻抗。

综上，根据表 5-1 中提供的带回流线直供牵引网各导线主要参数，可得单位阻抗矩阵如表 5-2 所示。其中，T1、R1、C1 和 T2、R2、C2 分别为上、下行的接触网、钢轨、回流线。

表 5-2　牵引网单位阻抗矩阵（Ω/km）

	T1	R1	C1	T2	R2	C2
T1	0.1485 + j 0.5839	0.0499 + j 0.3103	0.0491 + j 0.3549	0.0493 + j 0.3368	0.0497 + j 0.2993	0.0492 + j 0.3025
R1	0.0499 + j 0.3103	0.117 + j 0.5618	0.0493 + j 0.2988	0.0497 + j 0.2993	0.0494 + j 0.3396	0.0492 + j 0.2819
C1	0.0491 + j 0.3549	0.0493 + j 0.2988j	0.1674 + j 1.0168	0.0492 + j 0.3025	0.0492 + j 0.2819	0.0493 + j 0.2805
T2	0.0493 + j 0.3368	0.0497 + j 0.2993	0.0492 + j 0.3025	0.1485 + j 0.5839	0.0499 + j 0.3103	0.0491 + j 0.3549
R2	0.0497 + j 0.2993	0.0494 + j 0.3396	0.0492 + j 0.2819	0.0499 + j 0.3103	0.1172 + j 0.5618	0.0493 + j 0.2988
C2	0.0493+ j 0.2903	0.0492+ j 0.2742	0.0493+ j 0.2654	0.0492+ j 0.3336	0.0494+ j 0.2922	0.1674+ j 0.7135

5.4　电容矩阵参数计算

导体 i 与导体 j 如 5-6 所示，第 i 根导线的自电位系数 P_{ii} 及第 i 根与第 j 根导线间

的互电位系数 P_{ij} 见公式（5-4）。

$$\left.\begin{array}{l} P_{ii} = \dfrac{1}{2\pi\varepsilon_0}\ln\dfrac{2h_i}{r_i}\,(\text{km/F}) \\[3mm] P_{ij} = \dfrac{1}{2\pi\varepsilon_0}\ln\dfrac{D_{ij}}{d_{ij}}\,(\text{km/F}) \end{array}\right\} \tag{5-4}$$

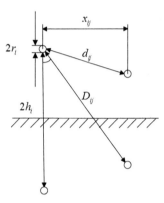

图 5-6　导线及其镜像示意图

其中：ε_0 为空气的介电常数，即 8.854×10^{-9}（F/km）；r_i 为导体 i 的等效半径，h_i 为导体 i 到地面的高度，d_{ij} 为导体 i 与导体 j 之间的空间距离，D_{ij} 为导体 i 与导体 j 之间的镜像距离。

将导线分布电容系数矩阵记为 C，电位系数矩阵记为 P。根据 $U = PQ$ 得：

$$\begin{bmatrix} U_1 \\ \vdots \\ U_i \\ \vdots \\ U_m \end{bmatrix} = \begin{bmatrix} P_{11} & \cdots & P_{1i} & \cdots & P_{1m} \\ & \ddots & & \ddots & \\ \vdots & & P_{ii} & P_{ij} & \vdots \\ & \ddots & & \ddots & \\ P_{m1} & \cdots & P_{mi} & \cdots & P_{mm} \end{bmatrix} \begin{bmatrix} Q_1 \\ \vdots \\ Q_i \\ \vdots \\ Q_m \end{bmatrix} \tag{5-5}$$

即分布电容系数矩阵 C 为：

$$C = P^{-1} = \begin{bmatrix} C_{11} & \cdots & C_{1i} & \cdots & C_{1m} \\ & \ddots & & \ddots & \\ \vdots & & C_{ii} & C_{ij} & \vdots \\ & \ddots & & \ddots & \\ C_{m1} & \cdots & C_{mi} & \cdots & C_{mm} \end{bmatrix} \tag{5-6}$$

综上，根据表 5-1 中提供的带回流线直供牵引网各导线主要参数，可得单位分布电容矩阵如表 5-3 所示。其中，T1、R1、C1 和 T2、R2、C2 分别为上、下行的接触网、钢轨、回流线。

表 5-3 牵引网单位分布电容矩阵（nF/km）

	T1	R1	C1	T2	R2	C2
T1	12.8353	−2.8596	−1.3903	−2.240 28	−1.0143	−0.4373
R1	−2.8596	16.0520	−1.6317	−1.0143	−1.6267	−0.2280
C1	−1.3903	−1.6317	8.6123	−0.4373	−0.7623	−0.1315
T2	−2.240 28	−1.0143	−0.4373	12.8353	−0.5527	−1.3903
R2	−1.0143	−1.6267	−0.7623	−0.5527	16.0520	−0.1422
C2	−0.4373	−0.2280	−0.1315	−1.3903	−0.1422	8.6123

5.5 CRH3 型动车组建模

CRH3 型动车组为短编组，共 8 节车体。其中，受电弓位于 2 号车、7 号车，实际运行中一般采用 2 号车体单弓取流，将电能由接触网引入车顶的高压电缆，并传输至 2 号车和 7 号车的车载变压器。在车载变压器的一次侧，牵引电流通过动车组工作接地系统、车轴接地端子箱和接地碳刷到钢轨；在车载变压器的二次侧，设有 4 台变流装置，每台变流装置均包含 2 台两电平四象限脉冲整流器、1 台主逆变器以及 4 台牵引电机，其中两台整流器应用二重化技术连接。4 号和 5 号车体的部分轮对设有保护接地。CRH3 型动车组的电气结构如图 5-7 所示。

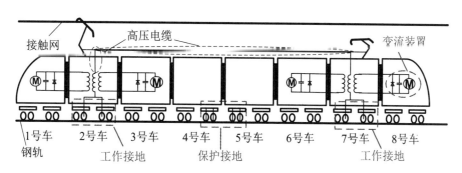

图 5-7 CRH3 型动车组电气结构示意图

5.5.1 双 PWM 调速系统数学模型

动车组牵引传动系统采用双 PWM 系统进行调速控制，拓扑结构如图 5-8 所示。图中，u_N 和 i_N 分为车载变压器牵引绕组的输出电压和电流；L_N 和 R_N 分别为牵引绕组漏电感和电阻；C_d 为中间直流侧支撑电容；U_d 为中间直流环节电压；i_a、i_b、i_c 为三相电机定子电流。

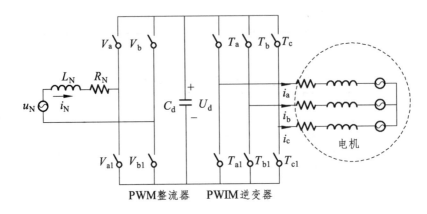

图 5-8 双 PWM 调速系统拓扑图

其中，脉冲整流器采用 SPWM 调制的瞬态直接电流控制策略，控制框图如图 5-9 所示。

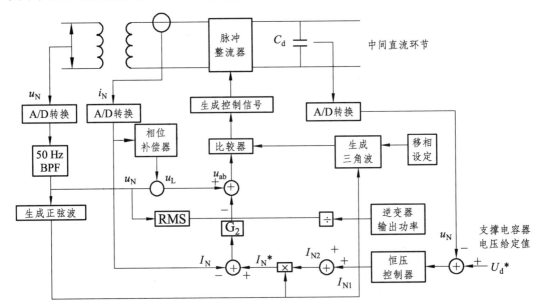

图 5-9 脉冲整流器瞬态电流控制框图

控制原理如下式：

$$
\left.
\begin{aligned}
I_{N1} &= K_p(U_d^* - U_d) + 1/T_i \int (U_d^* - U_d)\mathrm{d}t \\
I_{N2} &= I_d U_d / U_N \\
I_N^* &= I_{N1} + I_{N2} \\
u_{ab}(t) &= u_N(t) - \omega L_N I_N^* \cos \omega t - G_2[I_N^* \sin \omega t - i_N(t)]
\end{aligned}
\right\} \tag{5-7}
$$

式中：U_d 为中间直流环节电压；U_d^* 为中间直流侧给定电压，按 CRH3 车型将其约束在 2700~3600 V 之间；I_d 为中间直流环节电流；U_N 为网侧电压有效值 1550 V；I_N^* 为网侧电流给定值；$u_N(t)$ 为网侧电压瞬时值；$i_N(t)$ 为网侧电流瞬时值；ω 为网侧电压角频率；L_N 为网侧等效电感；K_p 电压比例参数；T_i 为电压积分参数；G_2 为电流比例参数。

牵引逆变器-异步电机系统采用 SVPWM 调制的磁场定向矢量控制策略，其控制框图如图 5-10 所示。

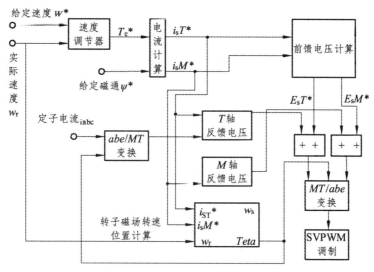

图 5-10　磁场定向矢量控制框图

通过矢量控制，可将电机定子电流分解为等效于转矩部分的 T 轴电流 i_{sT}^* 和等效于转子磁通部分的 M 轴电流 i_{sM}^*，计算公式如下：

$$\left.\begin{array}{l} i_{sT}^* = \dfrac{T_e^* L_r}{n_p L_m \psi^*} \\[4mm] i_{sM}^* = \dfrac{\psi^*}{L_m} \end{array}\right\} \tag{5-8}$$

式中：T_e^* 为转矩指令；ψ^* 为转子磁通指令；n_p 为电机极对数；L_m 为定子与转子同轴等效绕组互感；L_r 为转子等效两相绕组自感。

根据式（5-8）的电流计算结果、电机转子给定转速 ω^* 以及电机常量（电机转子电阻值 R_r、电机转子自感 L_r），可计算转子磁场转速 ω_s：

$$\omega_s = \frac{i_{sT}^*}{i_{sM}^* \cdot (L_r / R_r)} + n_p \omega^* \tag{5-9}$$

此时，M 轴、T 轴的电压 E_{sM}^*、E_{sT}^* 为：

$$\left.\begin{array}{l} E_{sM}^* = R_s i_{sM}^* - \left(1 - \dfrac{L_m^2}{L_s L_r}\right) L_s i_{sT}^* \omega_s \\[4mm] E_{sT}^* = R_s i_{sT}^* + L_s i_{sM}^* \omega_s \end{array}\right\} \tag{5-10}$$

式中：R_s 为定子每相绕组电阻值；L_s 为定子等效两相绕组自感。

5.5.2　CRH3 型动车组牵引传动系统仿真模型

根据 CRH3 型动车组双 PWM 调速系统数学模型，并结合实际交流传动电力机车的设计参数（见表 5-4），在 Matlab/Simulink 平台上搭建车载变压器、PWM 整流器、中间直流环节、PWM 逆变器以及异步牵引电机仿真模型，如图 5-11 所示。

表 5-4　CRH3 型动车组牵引传动系统主要部件的电气参数

动车组变流器参数			动车组牵引电机参数	
整流器部分	输入功率	4×1410 kV·A	定子电阻 R_s	0.15 Ω
	输入电压	1500 V	转子电阻 R_r	0.16 Ω
	直流环节电压	2700~3600 V	定子自感 L_s	0.026 82 H
	整流器 IGBT 型式	6500 V/600 A	转子自感 L_r	0.031 40 H
	整流器开关频率	350 Hz	定、转子互感 L_m	0.025 41 H
逆变器部分	输出电压范围	0~2800 V	额定电压	2700 V
	输出频率范围	0~200 Hz	额定电流	145 A
	逆变器 IGBT 型式	6500 V/600 A	额定频率	138 Hz
	逆变器开关频率	最大 460 Hz	额定功率	562 kW
车载变压器部分	变压器漏电感 L_N	5.89 mH	功率因数	0.89
	变压器绕组电阻 R_N	0.1425 Ω	额定效率	94.7%
中间直流环节	支撑电容 C_d	9.01 mF	最高转速	5900 r/min
牵引变流器效率	0.97		额定转差率	0.001

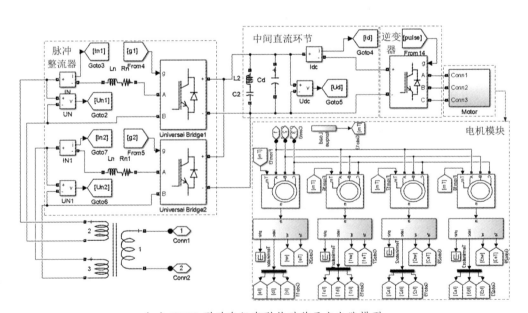

（a）CRH3 型动车组牵引传动单元主电路模型

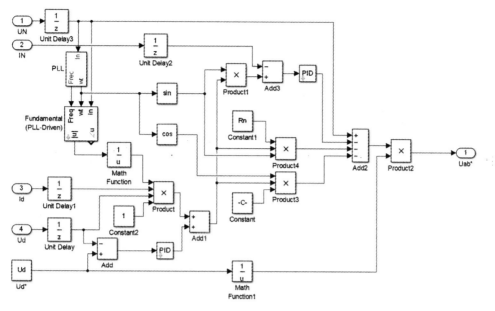

（b）脉冲整流器瞬态电流控制模型

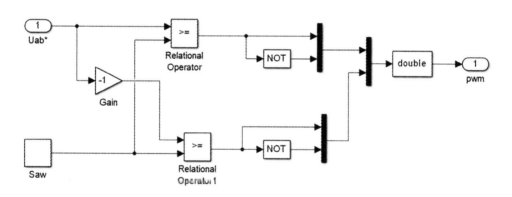

（c）脉冲整流器 SPWM 调制模型

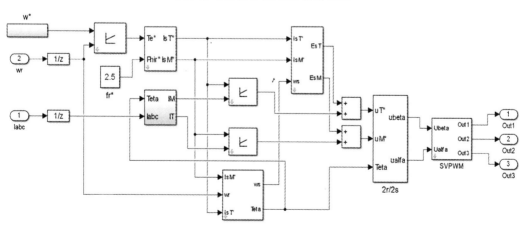

（d）转子磁场定向矢量控制模型

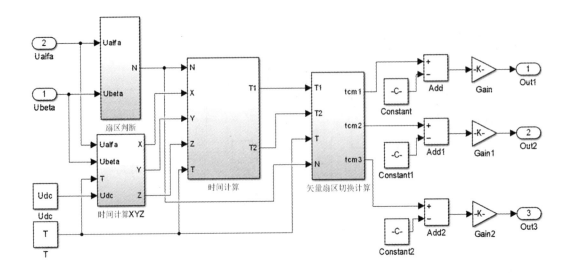

（e）逆变器 SVPWM 仿真模型

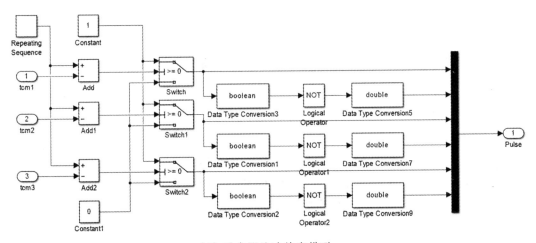

（f）逆变器脉冲输出模型

图 5-11　CRH3 型动车组牵引传动单元仿真模型

图 5-11（a）中，两台整流器应用二重化技术连接，且图 5-11（c）所示脉冲整流器的 SPWM 调制中的三角载波相位需错开π/2。

5.6　牵引网-动车组系统仿真模型

由图 5-7 可知，CRH3 型动车组的车顶高压电缆的缆芯持续传导牵引电流，而屏蔽层通过车体接地，因此缆芯与屏蔽层间存在容性耦合。可将高压电缆的缆芯等效为经验值的阻抗，并考虑缆芯与屏蔽层间的耦合电容［见图 5-12（a）］；车体与接地装置等效为经验值的电阻［见图 5-12（b）］；牵引传动单元中脉冲整流器、逆变器-牵引电机主电路及其控制电路封装为变流器模块，接在车载变压器的二次侧。

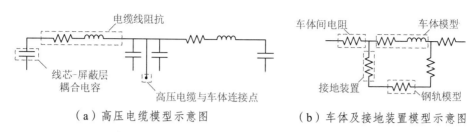

（a）高压电缆模型示意图　　　（b）车体及接地装置模型示意图

图 5-12　CRH3 型动车组接地系统模型

将牵引供电系统模块与 CRH3 型动车组模块按实际的电气耦合关系连接，建立双边供电下牵引网-动车组系统模型，如 5-13 所示。其中，动车组模块接入距牵引变电所 15 km 的左供电臂下行线中。

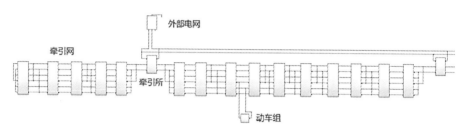

图 5-13　牵引网-动车组系统模型示意图

牵引网-动车组耦合仿真模型电气参数如表 5-5 所示。

为验证牵引网-动车组模型，在 0 时刻设置牵引电机空载启动并牵引加速至 200 rad/s；2.5 s 时加入 500 N·m 的负载转矩；4 s 时电机制动减速，给定转速设置为 50 rad/s。仿真结果如图 5-14 所示。

表 5-5　牵引网-动车组耦合仿真模型电气参数

参数名称	参数值	参数名称	参数值
高压电缆等值电阻	0.014 mΩ/m	碳刷电阻	0.05 Ω
高压电缆等值电感	0.000 131 093 mH/m	电压比例参数 K_P	0.45
高压电缆等值电容	0.000 411 62 μF/m	电压积分参数 T_i	2.8
车体等值电阻	0.225 mΩ/m	电流比例参数 G_2	0.65
车体等值电感	0.001 103 375 mH/m	—	—

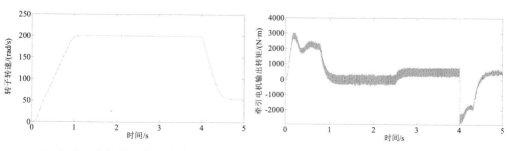

（a）牵引电机转子转速仿真结果　　　（b）牵引电机输出转矩仿真结果

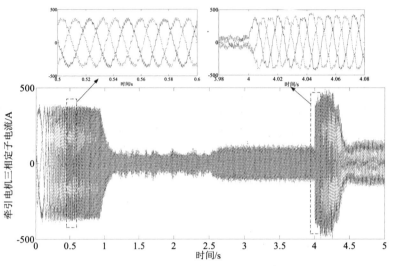

（c）牵引电机三相定子电流仿真结果

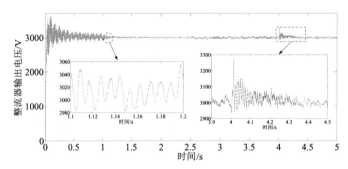

（d）整流器输出直流电压仿真结果

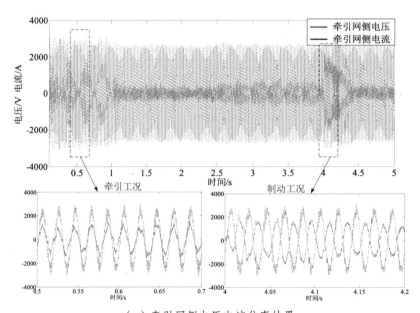

（e）牵引网侧电压电流仿真结果

图 5-14　牵引网-动车组系统仿真结果

图 5-14（a）为牵引电机转速仿真结果，可跟随给定转速的设置值：0~1 s 启动并牵引加速至 200 rad/s，2.5 s 时加入负载转矩后电机转速维持恒速，并于 4~4.5 s 由 200 rad/s 减速至 50 rad/s。

图 5-14（b）为牵引电机输出转矩仿真结果，由图可知电机启动转矩较大，稳定运行后能快速响应负载转矩的变化。当动车组进入制动工况时，可产生与原转矩方向相反的制动力矩，此时电机切换为发电机状态，符合再生制动原理。

图 5-14（c）为牵引电机三相定子电流仿真结果，当电机投入负载或改变转速时，均能快速响应并平稳变化。

图 5-14（d）为整流器输出直流电压仿真结果，由图可知输出电压于 1 s 左右稳定在 3 kV±50 V，满足直流电压波动小于±5%的要求。当 2.5 s 投入负载时，直流电压能快速调节至稳态；当 4 s 开始制动减速时，牵引电机返送的再生制动能量造成中间直流电压抬升；制动工况结束后，直流电压仍能快速调整回 3 kV。中间直流环节电压脉动为二次纹波，符合实际情况。

图 5-14（e）为牵引网侧电压电流仿真结果，牵引工况下网侧电压电流同相，制动工况下网侧电压电流相位相差 180°，符合实际。

综合以上数据可知，搭建的牵引网-动车组仿真平台可真实地模拟 CRH3 型动车组的运行情况。

5.7 动车组经长大下坡道运行的受力分析

当动车组在坡道上运行时，受力分析如所图 5-15 示，动车组受到制动力 F_q（牵引力）、基本阻力 F_ω 和坡道附加力 F_G（重力沿坡道的分力）三个力的作用。

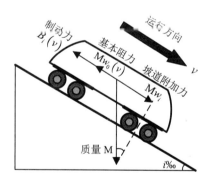

图 5-15　坡道上动车组受力分析图

分析基本阻力和坡道附加力的大小关系，以 CRH3 型动车组为例，其中

$$F_\omega = Mg\omega_0 = Mg(0.42 + 0.0016v + 0.000\,132v^2) \tag{5-11}$$

式中：M 表示动车组质量，单位为 t，取 500 t；v 表示动车组运行速度，单位为 km/h；g 表示重力加速度。

$$F_G = Mgw_i \tag{5-12}$$

式中：w_i 表示坡道千分数。

基本阻力 F_ω 和坡道附加力 F_G 随动车组速度变化情况如图 5-16 所示。可以看出，随着动车组运行速度的增大，基本阻力 F_ω 逐渐增大。坡道附加力 F_G 随着坡道的增大而线性增长，当坡道千分数超过 11.76 时或者当动车组运行速度小于 180 km/h 时，坡道附加力 F_G 恒大于基本阻力 F_ω。

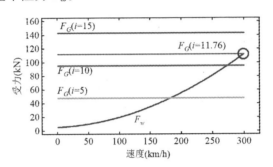

图 5-16　基本阻力 F_ω 和坡道附加力 F_G 随动车组速度变化曲线

对机车进行受力分析有：

$$B_i(v) + Mgw_0(v) - Mgw_i = Ma \tag{5-13}$$

式中：$B_i(v)$ 表示制动力，$w_0(v)$ 表示单位质量基本阻力，a 表示动车组减速度。

对式（5-13）两边同时乘以速度 v，得：

$$B_i(v) \cdot v + Mgw_0(v) \cdot v - Mgw_i \cdot v = Ma \cdot v \tag{5-14}$$

式中：$B_i(v) \cdot v$ 表示动车组制动功率，$Mgw_0(v) \cdot v$ 表示基本阻力产生的功率，$Mgw_i \cdot v$ 表示动车组重力沿坡道的功率，$Ma \cdot v$ 表示动车组减速功率。

Simulink 中的动车组制动工况仿真是通过改变动车组给定转速实现的。当降低给定转速后，系统开始制动，电机转速下降，直到到达给定转速为止。Simulink 中的电机不具有实际电机的机械特性及惯性。在长大坡道上，重力沿坡道的分力无法在 Simulink 的电机上直接体现，电机再生制动只能仿真式（5-14）中的减速功率（$Ma \cdot v$），而不能表达由重力分力产生的功率。

为了解决这一问题，可以将重力沿坡道的分力在 Simulink 中等效为一个功率源，该功率源的功率随着机车速度的变化而变化，可由式（5-15）表示。

$$P_G = Mgw_i \cdot v \tag{5-15}$$

式中：P_G 表示重力沿坡道的功率，M 表示动车组质量，g 表示重力加速度，w_i 表示坡道千分数，v 表示动车运行速度。重力的功率仅与坡道和动车运行速度有关。在 Simulink 中可用受控源或其他方式表示功率的变化。

当机车在坡道上运行时，由于重力分力和基本阻力产生的附加牵引功率 P_a 为：

$$P_a(v) = Mgw_i \cdot v - Mgw_0(v) \cdot v \tag{5-16}$$

当机车在坡道上匀速运行时，制动功率正好等于附加牵引功率。

5.8 动车组再生制动对牵引网及电网的影响分析

5.8.1 动车组再生制动对牵引网电压的影响分析

某高海拔铁路全线最长连续坡道 40 km，坡度高达 30‰。因此，建立坡道为 30‰的双边供电车网耦合模型，其示意图如图 5-17 所示，当动车组处于供电臂 A 的 0 km 处时，与牵引变电所 1 的距离为 25 km。在仿真时，0~6 s，动车组处于牵引状态，动车组速度从 0 加速到 200 km/h，6 s 后使动车组处于下坡制动状态，但速度仍然保持为 200 km/h，如图 5-18 所示。该过程中动车组运行功率曲线如图 5-19 所示，牵引功率为 13.24 MW，制动功率-10.64 MW。

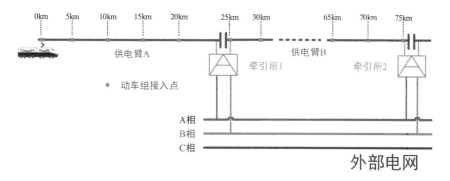

图 5-17 动车组接入牵引供电系统示意图

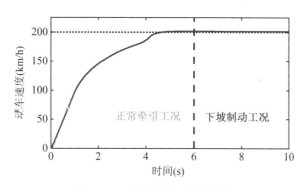

图 5-18 动车组运行速度曲线

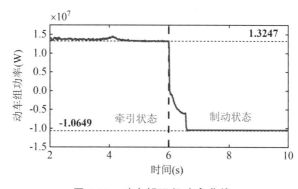

图 5-19 动车组运行功率曲线

观测动车组再生制动返送能量对牵引网电压的影响，如图 5-20 所示。可以看出，动车组制动时，由于能量返送，牵引网电压幅值 UT_P 抬升明显，并且动车组只要一直处于制动状态，牵引网电压就一直处于抬升状态。随着动车组距离牵引变电所的距离越短，电压抬升越小。

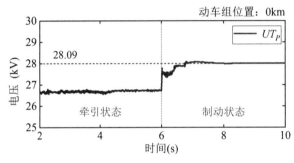

（a）动车组在 0 km 处

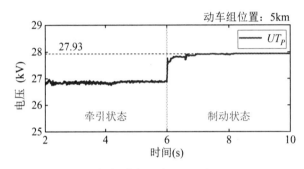

（b）动车组在 5 km 处

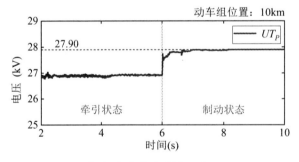

（c）动车组在 10 km 处

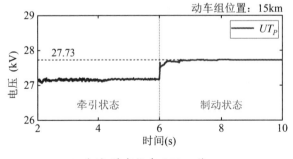

（d）动车组在 15 km 处

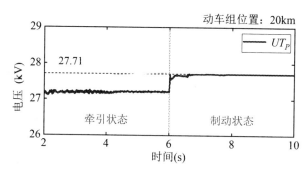

（e）动车组在 20 km 处

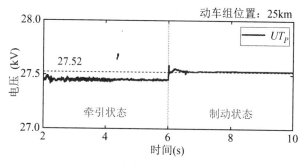

（f）动车组在 25 km 处

图 5-20 牵引网电压变化情况

按照图 5-17 中的动车组接入牵引网位置仿真观测牵引网电压抬升情况，如图 5-21 所示。由于在 25 km 和 75 km 处设有牵引变电所，这两个位置牵引网电压峰值最小。距离牵引变电所距离越远，动车组制动时电压抬升越大。在 0~25 km 范围内，牵引网处于单边供电方式。在 25~75 km 范围内，牵引网处于双边供电状态。在双边供电情况下，距离牵引变电所最远处（50 km）相比单边供电最远处（0 km）牵引网电压抬升更小，动车组返送的能量可以向两边传输，表现出多源供电的优势。

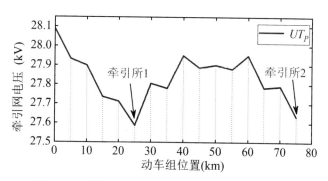

图 5-21 动车组在不同位置制动时牵引网电压峰值

5.8.2 动车组再生制动对电网电压的影响分析

在 5.8.1 节的基础上，分析动车组再生制动对电网电压的影响，如图 5-22 所示。根据经验，设定 220 kV 母线三相短路容量为 3696 MV·A，牵引变电所采用的单相变压器接入电网 A、B 两相，C 相未接入任何负荷。

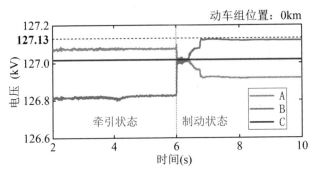

（a）动车组在 0 km 处

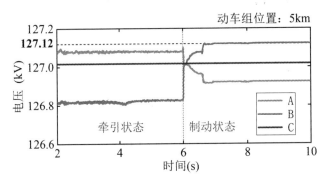

（b）动车组在 5 km 处

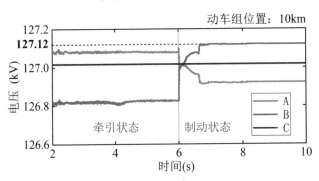

（c）动车组在 10 km 处

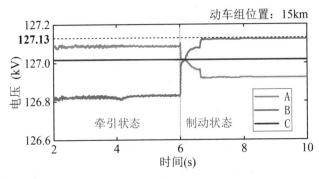

（d）动车组在 15 km 处

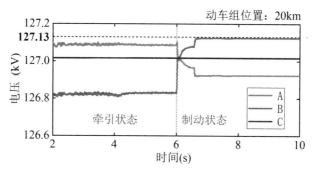

（e）动车组在 20 km 处

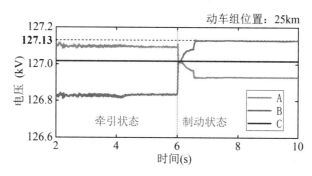

（f）动车组在 25 km 处

图 5-22　电网电压变化情况

由图 5-22 可以看出，由于 C 相未接入负荷，其电压一直保持不变。此外，在动车组制动过程中，A 相电压降低，B 相电压升高，但都在 127 kV 附近，电压波动 0.42%，远小于国家标准 3%。表明单列动车组的牵引或制动工况对电网母线电压的影响不大，几乎可以忽略。

220 kV 母线电压三相不平衡度变化曲线如图 5-23 所示。由图可以看出，当动车组运行在牵引变电所的位置时，系统三相电压不平衡度最高。在单边供电范围内（0~25 km），距离牵引变电所越远，三相不平衡度越低。在双边供电范围内，系统三相不平衡度几乎不变。此外，根据国家标准，单个用户 220 kV 母线电压三相不平衡度不能超过 1.3%；当单列动车组运行时，系统最大三相不平衡度为 0.1236%，远远小于国家标准。表明单列动车组运行时对系统三相不平衡度不会造成威胁。

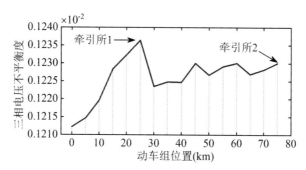

图 5-23　220 kV 母线电压三相不平衡度变化曲线

5.9 本章小结

基于 8 端口链式牵引网数学模型,本章在 Matlab/Simulink 平台搭建 AT 供电方式下全并联复线牵引供电系统仿真模型,并对其进行空载仿真,牵引网电压特性与实际基本一致,符合供电要求。基于双 PWM 调速控制系统,CRH3 型动车组交流传动单元模型的 PWM 整流器和 PWM 逆变器分别采用瞬态直接电流控制策略和磁场定向矢量控制策略,通过详细分析 MT 坐标系下牵引电机定子相电压与相电流的矢量关系,拓展双 PWM 调速控制系统制动工况下的数学模型,建立包含脉冲整流器、逆变器、牵引电机的牵引传动仿真模型。基于 CRH3 型动车组与牵引网电气连接关系,考虑电流回路中复杂牵引网-车顶高压电缆-车载变流器-车体-接地线-钢轨等多个部件,建立牵引网-动车组耦合仿真模型,通过综合对比牵引网-动车组系统关键参数的电气特性,验证仿真模型的正确性。

在建立的仿真模型之上,分析动车组再生制动对牵引网及电网的影响,分析发现动车组再生制动可能使牵引网电压抬升,需要对末端牵引网电压抬升给予重点关注,但其对电网母线电压的影响不大。

【 第 6 章 】>>>>计及高海拔山区牵引负荷和 新能源出力不确定性的电网脆弱性辨识

6.1 引 言

　　高海拔山区铁路沿线电网的常规负荷较小，使得铁路牵引负荷将成为该地区的主要负荷。此外，高海拔山区铁路沿线地形起伏落差巨大，使得该线路负荷不仅具有冲击性和随机波动性，还可能存在和常规线路负荷不同的频繁、大幅值的再生制动功率，加剧负荷端的不确定性。另一方面，外部电网条件极端薄弱，部分地区缺乏有力电网支撑。因此，在未来的高比例牵引负荷并网情况下，系统将承受频繁的正反向不确定性潮流，对系统的稳定性将产生不可预计的影响。为避免系统连锁故障的发生，对系统脆弱性的研究迫在眉睫，对系统中脆弱线路的辨识是当前牵引负荷并网亟需解决的关键问题。

　　然而，现有的电力系统脆弱线路辨识方法主要针对确定性的潮流断面，对不确定性负荷下的脆弱线路辨识鲜有研究。本章针对含有高比例不确定性牵引负荷的高海拔山区铁路沿线电网，提出一种考虑牵引负荷不确定性的电网脆弱线路辨识方法。该方法首先利用随机矩阵理论提取系统中的高风险潮流断面，然后在高风险断面下建立电网的相关性网络。然后提出加权 z 指数指标，将该指标应用于相关性网络中辨识电网中的脆弱线路。

6.2 考虑牵引负荷不确定性的高海拔地区 电网脆弱线路识别

　　牵引负荷的接入使电网网架结构和潮流分布发生变化，同时带来一系列的不确定性问题。随着牵引负荷的增加，负荷的不确定性被放大，电网中的脆弱线路受到冲击，系统极易进入发生连锁故障的高风险状态。本章提出一种考虑牵引负荷不确定性的高海拔地区电网脆弱线路辨识模型，其具体流程如图 6-1 所示。

　　下面分别针对高风险潮流断面识别算法、相关性矩阵的建立、脆弱线路辨识算法及算法的验证部分进行介绍。

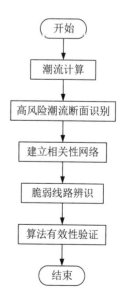

图 6-1 考虑牵引负荷不确定性的高海拔地区电网脆弱线路辨识流程图

6.2.1 高风险潮流断面识别

电力系统多点接入牵引负荷时，随着负荷的不断波动变化，电源会按照一定的机制策略进行调整以适应这种变化，因此系统状态就会处于不断剧烈变化当中。电力系统所处的时间断面与系统状态变量存在较强的数据关联性，从高维度的系统时间断面数据中研究系统所处的状态是识别算法的关键。本章将内环半径作为系统临界稳定的判断依据，即当系统满足单环定理时，认为系统处于非高风险状态；当系统不满足单环定理时，认为系统处于高风险状态。下面对高风险潮流断面识别的具体内容进行介绍。

首先，构建初始样本随机矩阵。在系统稳定运行状态下，确定一组牵引负荷数据作为初始数据，并对其他常规负荷进行以负荷为均值、均值的 5% 为方差的正态分布抽样。然后按比例调整每个常规电源出力，计算系统潮流。这样抽样 n 次之后，利用线路负载率数据形成系统负载率随机矩阵 L。

$$L_{n \times k} = \begin{bmatrix} p_1(t_1) & p_1(t_2) & \cdots & p_1(t_k) \\ p_2(t_1) & p_2(t_2) & \cdots & p_2(t_k) \\ \vdots & \vdots & \ddots & \vdots \\ p_n(t_1) & p_n(t_2) & \cdots & p_n(t_k) \end{bmatrix} \tag{6-1}$$

式中：n 表示系统线路数量，k 表示抽样次数，满足 $n<k$，$p_i(t_c)$ 表示第 j 次抽样下线路 i 的负载率。

为放大当前状态的影响，在初始负载率随机矩阵 L 的基础上，加入复制 r 次的系统随牵引负荷变化的当前时间断面状态数据，形成新的初始负载率随机矩阵 $\bar{L}$：

$$\bar{L} = \begin{bmatrix} p_1(t_1) & p_1(t_2) & \cdots & p_1(t_k) & p_1^1(t_c) & \cdots & p_1^r(t_c) \\ p_2(t_1) & p_2(t_2) & \cdots & p_2(t_k) & p_2^1(t_c) & \cdots & p_2^r(t_c) \\ \vdots & \vdots & \ddots & \vdots & \vdots & \ddots & \vdots \\ p_n(t_1) & p_n(t_2) & \cdots & p_n(t_k) & p_n^1(t_c) & \cdots & p_n^r(t_c) \end{bmatrix} \tag{6-2}$$

式中：t_c 表示系统当前时刻，$p_i(t_c)$ 表示系统当前时间断面状态下第 i 条支路负载率，上标表示扩展次数。

为保证单环定理对随机矩阵维度的要求，将矩阵 $\bar{L}$ 纵向复制 $m-1$ 次，得到矩阵 L_{copy}：

$$L_{copy} = \begin{bmatrix} p_1(t_1) & p_1(t_2) & \cdots & p_1(t_k) & p_1^1(t_c) & \cdots & p_1^r(t_c) \\ p_2(t_1) & p_2(t_2) & \cdots & p_2(t_k) & p_2^1(t_c) & \cdots & p_2^r(t_c) \\ \vdots & \vdots & \ddots & \vdots & \vdots & \ddots & \vdots \\ p_n(t_1) & p_n(t_2) & \cdots & p_n(t_k) & p_n^1(t_c) & \cdots & p_n^r(t_c) \\ \vdots & \vdots & \vdots & \vdots & \vdots & \vdots & \vdots \\ p_1(t_1) & p_1(t_2) & \cdots & p_1(t_k) & p_1^1(t_c) & \cdots & p_1^r(t_c) \\ p_2(t_1) & p_2(t_2) & \cdots & p_2(t_k) & p_2^1(t_c) & \cdots & p_2^r(t_c) \\ \vdots & \vdots & \ddots & \vdots & \vdots & \ddots & \vdots \\ p_n(t_1) & p_n(t_2) & \cdots & p_n(t_k) & p_n^1(t_c) & \cdots & p_n^r(t_c) \end{bmatrix} \tag{6-3}$$

为降低矩阵 L_{copy} 中的数据相关性，在矩阵 L_{copy} 中叠加高斯白噪声 N，得到矩阵 $\bar{L}$：

$$\bar{L} = L_{copy} + Ni \tag{6-4}$$

对矩阵 $\bar{L}$ 进行归一化处理得到矩阵 $\tilde{L}$ 中的元素，可以被统一表示为：

$$\tilde{l}_{ij} = (l_{ij} - \bar{l}_i) \times [\sigma(\tilde{l}_i)/\sigma(l_i)] + \overline{\tilde{l}_i} \tag{6-5}$$

式中：$\tilde{l}_{ij}$ 为归一化矩阵的元素，l_{ij} 表示矩阵 L_{copy} 的元素，$\bar{l}_i$ 表示矩阵第 i 行的均值，$\sigma(\tilde{l}_i)=1$ 为矩阵 $\tilde{L}$ 第 i 行的标准差，$\sigma(l_i)$ 表示矩阵 L_{copy} 第 i 行的标准差，$\overline{\tilde{l}_i}$ 表示矩阵 $\tilde{L}$ 第 i 行的均值。

按照式（6-6）求得矩阵的奇异值等价矩阵，

$$L_u = \sqrt{\tilde{L}\tilde{L}^H} U \tag{6-6}$$

式中：L_u 为矩阵 $\tilde{L}$ 的奇异值等价矩阵，矩阵 U 为满足哈尔分布的酉矩阵。

对 A 个矩阵 $\bar{L}$ 进行处理，得到 A 个独立非 Hermitian 矩阵，令 $B = \prod_{i=1}^{A} L_{u,i} \in C^{mn \times mn}$，此处令 $L = 1$。对矩阵进行标准化处理得到矩阵 $\tilde{B}$，且：

$$\tilde{b}_i = b_i / [\sqrt{mn}\sigma(b_i)] \tag{6-7}$$

式中：b_i 表示矩阵 B 的第 i 行，$\tilde{b}_i$ 表示矩阵 $\tilde{B}$ 的第 i 行，$\sigma(b_i)$ 表示向量 b_i 的标准差。

矩阵 $\tilde{B}$ 的平均谱半径得计算方法如下：

$$MSR = \frac{1}{mn}\sum_{i=1}^{mn}|\lambda_i| \tag{6-8}$$

根据单环定理，平均谱半径可以作为具有不确定性牵引负荷的电力系统的高风险时间段的判断指标，如下：

$$MSR \in (\sqrt{1 - KN/M}, 1) \tag{6-9}$$

若满足上述条件，系统稳定；否则，系统不稳定。

6.2.2 状态对偶网络的构建

基于 6.2.1 中描述的高风险潮流断面识别算法，可在众多潮流断面数据中获得几组使电网进入高风险状态的断面数据。在这些高风险潮流断面识别结果的基础上，考虑到电网的拓扑结构和系统运行的状态特性，提出一种电网状态对偶网络的构建方法。

建立原电力系统输电线路数据库，对所有输电线路进行编号，最大编号记为 N_L。对原电力系统进行潮流计算，构建支路潮流数据集：

$$P_0 = [p_{01}, p_{02}, \cdots, p_{0N_L}] \qquad (6\text{-}10)$$

其中：P_0 表示初始支路潮流矩阵，p_{0k} 表示支路 k 的初始潮流。

以编号为 i 的支路为例，使该支路发生开路故障，重新计算系统潮流，得到新的潮流数据集：

$$P_i = [p_{i1}, p_{i2}, \cdots, p_{iN_L}] \qquad (6\text{-}11)$$

其中：

$$p_{ii} = 0 \qquad (6\text{-}12)$$

式中：P_i 表示支路 i 开断后的支路潮流矩阵，p_{ik} 表示支路 i 开断后支路 k 的潮流。

遍历所有支路，构建对偶支路潮流矩阵 P：

$$P = [P_1, P_2, \cdots, P_{N_L}]^T \qquad (6\text{-}13)$$

构建支路潮流变化矩阵 $\overline{P}$：

$$\overline{P} = P - [\underbrace{P_0, P_0, \cdots, P_0}_{N_L \uparrow P_0}]^T \qquad (6\text{-}14)$$

式中：$\overline{P}_{ij}$ 表示线路 i 开断引起的线路 j 的潮流变化量，并且令：

$$\overline{P}_{ii} = 0 \qquad (6\text{-}15)$$

将支路潮流变化矩阵中的元素除以各支路潮流热稳定裕度，得到状态对偶矩阵 C，如下：

$$C = \begin{bmatrix} 0 & c_{12} & c_{13} & \cdots & c_{1n} \\ c_{21} & 0 & c_{23} & \cdots & c_{2n} \\ c_{31} & c_{32} & 0 & \cdots & c_{3n} \\ \vdots & \vdots & \vdots & \ddots & \vdots \\ c_{n1} & c_{n2} & c_{n3} & \cdots & 0 \end{bmatrix} \qquad (6\text{-}16)$$

其中：

$$c_{ij} = \frac{\overline{P}_{ij}}{B_j - p_{0j}} \qquad (6\text{-}17)$$

式中：C 为电力系统的状态对偶矩阵，c_{ij} 为线路 i 开断对线路 j 的影响，$\overline{P}_{ij}$ 为线路 i 开断引起的线路 j 的潮流变化量，B_j 为线路 j 的热稳定容量。

6.2.3 脆弱线路辨识算法

经典 z 指数是由 Prathap 提出，用于衡量学者学术影响力的指标。z 指数的意义在于将能体现数量、质量和被引用集中程度的要素有效地结合到单个指数中。基于经典 z 指数，考虑到相邻节点的节点强度和边权值对节点影响力的贡献，本章提出一种加权 z

指数的脆弱线路辨识算法。

根据状态对偶网络中的数据，将节点 l 指向其邻接节点 v 的边权值记为 a_{lv}，定义：

$$A_l = \sum_{v \in \Gamma_l} a_{lv} \tag{6-18}$$

$$\overline{A_l} = \sum_{v \in \Gamma_l} a_{lv}^2 \tag{6-19}$$

式中：A_l 表示节点 l 相对邻接节点边权值之和，$\overline{A_l}$ 表示节点 l 相对其邻接节点边权值的平方和。

构建以下矩阵：

$$\boldsymbol{a}_l = \begin{bmatrix} a_{l1} & a_{l2} & \cdots & a_{ln} \end{bmatrix} \tag{6-20}$$

$$\boldsymbol{A_L} = \begin{bmatrix} A_1 \\ A_2 \\ \vdots \\ A_n \end{bmatrix} \tag{6-21}$$

式中：$\boldsymbol{a}_l$ 表示节点 l 指向网络中其他节点的边权值矩阵，$\boldsymbol{A_L}$ 表示网络中各节点相对其邻接节点边权值之和矩阵，n 表示网络中的节点总数。特别的，若节点 i 与节点 j 之间无邻接关系，则 $a_{ij} = 0$。

节点 l 的绝对节点强度被定义为加权形式，即：

$$T_l = (a_l^T)^\alpha \cdot (A_L)^\beta \tag{6-22}$$

式中：T_l 表示绝对节点强度，α 和 β 表示调节因子。

改进的 z 指数被定义为：

$$\hat{z}_l = ((A_l)^4 / (T_l)^2 / \overline{A_l})^{\frac{1}{3}} \tag{6-23}$$

式中：$\hat{z}_l$ 表示节点 l 的加权 z 指数。$\hat{z}$ 越大的节点，其对应的支路越关键。

6.2.4　高海拔地区电网脆弱线路辨识结果分析

针对高海拔地区的 9 个牵引站（牵引站 39~47），根据所提出的高风险潮流断面识别算法，在牵引负荷断面中识别 5 个高风险断面，每个断面下的牵引负荷分布情况如图 6-2 所示。

以高风险断面 1 为例，分别采用加权 z 指数（WZ）、加权 H 指数（WH）、最大流法（MF）、网页排序算法（PRA）以及电子距离法（ED）对高海拔地区电网的脆弱线路进行识别、排序，其中前 15 条脆弱线路被展示在表 6-1 所示的高海拔地区电网脆弱线路排序中。

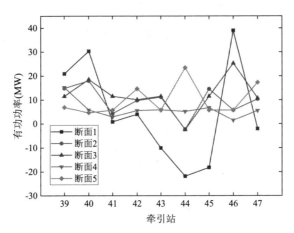

图 6-2 高风险潮流断面下牵引负荷分布

表 6-1 高海拔地区电网脆弱线路排序

排序	WZ	WH	MF	PRA	ED
1	7	7	47	7	41
2	3	27	4	27	21
3	27	3	3	3	24
4	21	21	19	21	46
5	19	18	1	48	10
6	18	10	10	47	25
7	8	19	7	38	2
8	10	20	5	46	5
9	29	29	8	45	7
10	5	5	9	44	43
11	38	1	35	43	6
12	20	4	37	42	9
13	30	8	21	29	36
14	2	2	11	41	44
15	35	30	13	35	30

　　为验证算法的有效性，针对 5 个高风险潮流断面，各脆弱线路识别指标的数值被展示，如图 6-2 所示。从图 6-3 所示的脆弱线路辨识结果比较中可以看出，WZ 值的变化趋势因高风险潮流断面的不同而有所差异，WZ 指数值随线路排序的增加而依次下降，对每条线路都有较好的区分程度。结合图 6-2 中的断面数据，断面 1 与其他截面明显不同，图 6-3（a）中充分体现了这一特点。可以看出，对于 WZ 指标而言，断面 1 下的变化趋势与其他部分有明显的不同。对于其他指标，随着线路排序的增加，指标的值变化范围较小，且对断面的差异的敏感度不高。

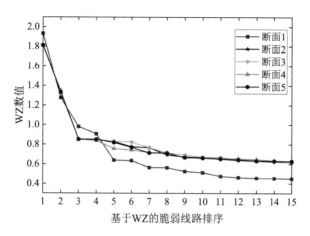

（a）加权 z 指数辨识结果

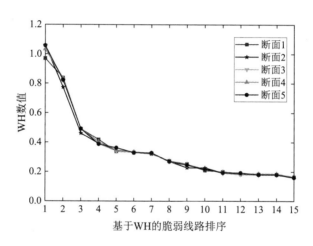

（b）加权 H 指数辨识结果

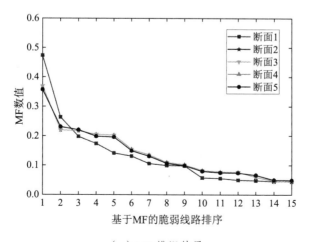

（c）MF 辨识结果

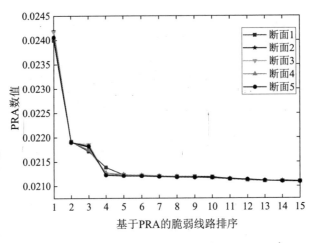

（d）PRA 辨识结果

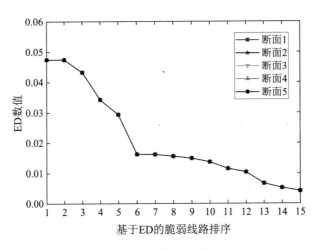

（e）ED 辨识结果

图 6-3　脆弱线路辨识结果比较

在不同的高风险潮流断面下，连续攻击电网前 15 条脆弱线路后，计算系统的剩余负荷，结果如图 6-4 所示。从结果可以看出，在连续攻击 15 条 WZ 识别的线路后，系统的剩余负荷都小于 10%，可以认为发生了一个非常大的停电事故。然而，根据其他方法的识别结果攻击线路后，系统的剩余负荷相对较高。该结果进一步表明 WZ 对脆弱线路具有较高的识别精度，且对系统 WZ 识别的脆弱线路更为敏感。

从图 6-4 的结果来看，各高风险潮流断面下 WZ 识别的前 6 条脆弱线路的开断使得电网剩余负荷的比率明显下降，对电网有明显影响。为分析上述线路脆弱的原因，各高风险潮流断面下，基于 WZ 获得的高海拔地区电网前 6 条脆弱线路的统计结果如表 6-2 所示。

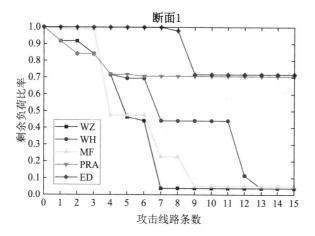

（a）

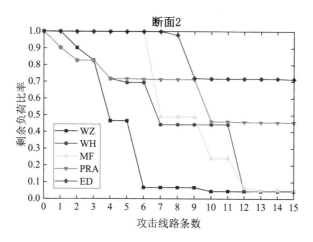

（b）

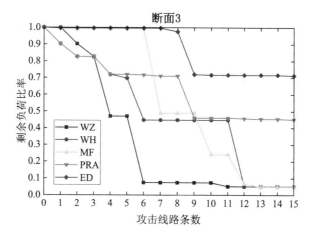

（c）

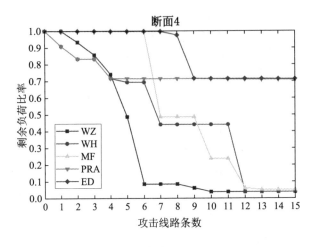

（d）

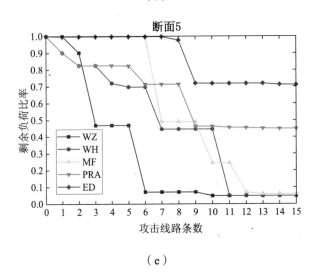

（e）

图 6-4　连续攻击下电网剩余负荷比率

表 6-2　基于 WZ 的高海拔地区电网脆弱线路排序

排序	断面 1	断面 2	断面 3	断面 4	断面 5
1	7	3	3	3	3
2	3	7	7	7	7
3	27	27	27	27	19
4	21	19	19	21	27
5	19	21	21	19	21
6	18	8	8	8	8

从表 6-2 的统计结果看，高海拔地区电网的高脆弱性线路主要集中在线路 3、7、8、18、19、21、27。结合高海拔地区电网的拓扑结构及各部分功率数据，本章分析上述

线路产生脆弱性的原因，如表 6-3 所示。

表 6-3 线路脆弱性产生原因

脆弱线路	产生原因
3	线路 3 的断开导致节点 4 处的水力发电厂退出运行。该水电厂是电网中功率最大的发电厂，其退出严重影响电网的正常运行
7	线路 7 为节点 9 的传输通道。节点 9 外送功率较大，高达 1864 MW。节点 16 水力发电厂的发电功率远小于外送功率，所以此外送功率主要由线路 7 和 21 传送。线路 7 开断后，由于节点 9 外送功率过大会给其他线路造成负担，使得发生连锁故障的几率增大
8	线路 8 为节点 22 传输通道。节点 22 外送功率较大，高达 83 MW
18	线路 18 为节点 29 传输通道。节点 29 外送功率较大，高达 1461 MW
19	线路 19 也为节点 9 传输通道。节点 9 外送功率较大，高达 1864 MW
21	线路 21 脆弱性产生的原因同线路 7

6.3 本章小结

本章考虑高海拔山区铁路沿线电网的拓扑结构、牵引站点的连接以及牵引负荷的不确定性，提出一种新的电力系统脆弱线路识别算法。考虑牵引负荷的不确定性，根据概率潮流计算结果，基于随机理论识别系统的高危潮流区段，利用加权 z 指数对提取的高危潮流区段下的系统脆弱线路进行辨识，对牵引载荷的不确定性进行分析。在高海拔山区铁路沿线电网的仿真结果表明，提出的加权 z 指标具有准确性和有效性。

【 第 7 章 】>>>>高海拔山区
牵引负荷接入电网宽频带谐振建模与仿真

7.1 引 言

本章主要研究高海拔山区牵引负荷接入电网宽频带谐振问题。首先，建立考虑逆变器的等效模型。然后，建立 CRH5 型动车组列车与 HXD$_{2B}$ 电力机车 dq 系下统一阻抗模型。最后，采用广义奈奎斯特法对客货混跑车网系统低频振荡问题进行分析，并基于主导极点对车网级联系统低频稳定条件进行分析，为牵引网参数的整定提供参考。

7.2 车网系统统一阻抗模型

高海拔山区铁路采用客货混跑方式运行。本章以 CRH5 型动车组和 HXD$_{2B}$ 型机车为对象进行客货混跑低频振荡研究，混跑示意图如图 7-1 所示。

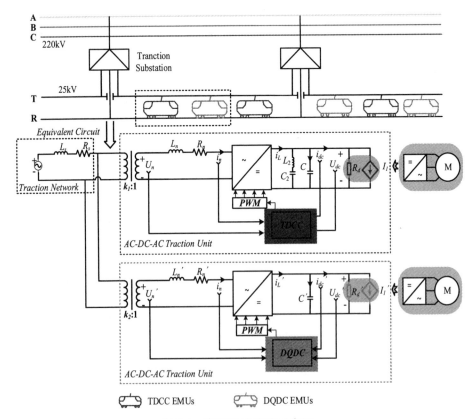

图 7-1 客货混跑系统示意图

对于不同型号列车，其网侧变流器主要采用两种不同的控制策略，分别为 dq 解耦控制（d-q decoupling control，DQDC）和瞬态直接电流控制（transient direct current control，TDCC），其控制框图如图 7-2 所示。在研究低频振荡（LFO）问题时，牵引网的分布电容可以忽略，将其等效为电阻与电感的串联电路。列车由若干个牵引传动单元并联构成，牵引传动单元中含有车载变压器、网侧整流器、中间直流环节、牵引逆变器和牵引交流电动机。在本节中，将逆变器和牵引电机进行建模，等效为电阻和电流源并联，在 dq 坐标系中建立两种车型考虑逆变器的变流器阻抗统一模型，为稳定性理论分析提供基础。分别以 TDCC 网侧变流器的 HXD$_{2B}$ 型电力机车与 DQDC 网侧变流器的 CRH5 型列车为对象进行研究。

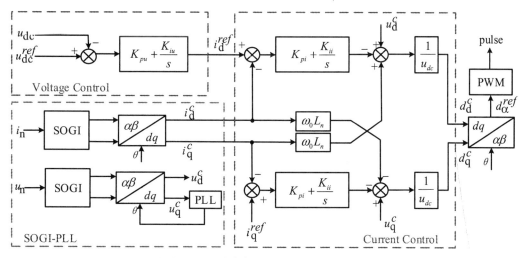

（a）CRH5 型动车组列车整流器控制结构

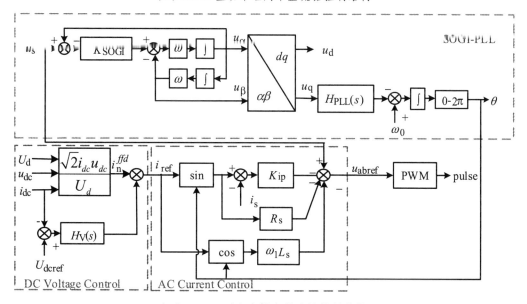

（b）HXD$_{2B}$ 型电力机车整流器控制结构

图 7-2 网侧变流器的两种控制结构

7.2.1 牵引网等效模型

在低频范围内，输电线路和接触网的分布电容可以忽略不计。因此，将牵引网的阻抗模型简化为电阻和电感的串联，其 dq 小信号阻抗模型为：

$$\boldsymbol{Z}_{o} = \begin{bmatrix} R_{o} + sL_{o} & -\omega_{0}L_{o} \\ \omega_{0}L_{o} & R_{o} + sL_{o} \end{bmatrix} \tag{7-1}$$

其中：R_{o}、L_{o} 分别代表牵引供电系统的网侧等效电阻、等效电感，ω_{0} 为基波角频率。

7.2.2 牵引逆变器的直流侧等效模型

电气化铁路交-直-交牵引传动系统中，列车主要由车载变压器、四象限整流器、中间直流环节、逆变器和牵引电机构成。在交-直-交变频调速系统中，PWM 逆变器的交流侧可以将电机、交流电动势、变压器及漏感或滤波电感等通过三相交流电动势与阻感串联电路来等效。由于 LFO 通常发生在多辆列车于同一地点升弓整备的低功率工况下，此时牵引电动机不工作，电机可等效为阻感串联电路的形式。两电平牵引逆变器的等效电路模型如图 7-3 所示。其中：u_{dc} 表示直流侧电压，i_{dc} 表示直流侧电流。$u_{k}(k=1, 2, 3)$ 表示逆变器三相电压瞬时值。R_{e} 表示牵引电机的每相等效电阻，L_{e} 表示牵引电机的每相等效电感。

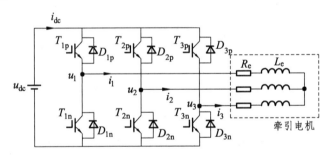

图 7-3　两电平牵引逆变器等效电路模型

根据图 7-3 得到三相逆变电路的状态空间平均模型为：

$$\begin{bmatrix} L_{e}\dfrac{\mathrm{d}i_{1}}{\mathrm{d}t} \\ L_{e}\dfrac{\mathrm{d}i_{2}}{\mathrm{d}t} \\ L_{e}\dfrac{\mathrm{d}i_{3}}{\mathrm{d}t} \end{bmatrix} = \begin{bmatrix} -R_{e} & 0 & 0 \\ 0 & -R_{e} & 0 \\ 0 & 0 & -R_{e} \end{bmatrix}\begin{bmatrix} i_{1} \\ i_{2} \\ i_{3} \end{bmatrix} - \begin{bmatrix} (d_{M}-d_{1})u_{dc} \\ (d_{M}-d_{2})u_{dc} \\ (d_{M}-d_{3})u_{dc} \end{bmatrix} \tag{7-2}$$

式中：$i_{k}(k=1, 2, 3)$ 表示三相电流瞬时值；d_{1}, d_{2}, d_{3} 为三相半桥上桥臂开关的占空比，d_{M} 为三相占空比的平均值。

将矩阵展开并重新组合，得到式（7-3）：

$$L_{e}\dot{i}_{k} + i_{k}R_{e} = (d_{k}-d_{M})u_{dc} \tag{7-3}$$

其中：

$$d_{M} = \frac{1}{3}\sum_{k=1}^{3} d_k = \frac{1}{2} \qquad (7\text{-}4)$$

为得到逆变器直流侧的等效模型，对式（7-3）进行求解，假设：

$$d_k = \frac{1}{2} + \frac{m}{2}\sin[\omega_e t - (k-1)120°] \qquad (7\text{-}5)$$

式中：m 为 PWM 逆变器的调制系数，ω_e 为电机定子三相电流频率。令 $\alpha_k = \omega_e t - (k-1)120°$，则有：

$$L_e \dot{i_k} + i_k R_e = \frac{m u_{dc}}{2}\sin\alpha_k \qquad (7\text{-}6)$$

令：

$$\left.\begin{array}{l} u_k = \dfrac{m u_{dc}}{2}\sin\alpha_k \\[2mm] U_k = \dfrac{m u_{dc}}{2} \quad (k=1,2,3) \end{array}\right\} \qquad (7\text{-}7)$$

式中：U_k 表示逆变器三相电压幅值。

设式（7-6）的稳态解为：

$$i_{kp} = I\sin(\alpha_k - \gamma) \qquad (7\text{-}8)$$

其中：I 为三相电流幅值，γ 为待求解的角度。

将式（7-8）代入式（7-6），可以得到式（7-6）的稳态方程为：

$$\omega_e L_e I\cos(\alpha_k - \gamma) + IR_e\sin(\alpha_k - \gamma) = U_k\sin\alpha_k \qquad (7\text{-}9)$$

进一步整理得：

$$(\omega_e L_e I\cos\gamma - IR_e\sin\gamma)\cos\alpha_k + (IR_e\cos\gamma + \omega_e L_e I\sin\gamma)\sin\alpha_k = U_k\sin\alpha_k \qquad (7\text{-}10)$$

由式（7-10）可以得到：

$$\left.\begin{array}{l} \omega_e L_e I\cos\gamma - IR\sin\gamma = 0 \\ \omega_e L_e I\sin\gamma + IR\cos\gamma = U_k \end{array}\right\} \qquad (7\text{-}11)$$

最终解得：

$$\left.\begin{array}{l} I = \sqrt{\dfrac{U_k^2}{R_e^2 + (\omega_e L_e)^2}} \\[4mm] \gamma = \arctan\left(\dfrac{\omega_e L_e}{R_e}\right) \end{array}\right\} \qquad (7\text{-}12)$$

设式（7-6）的全解为：

$$i_k = A_k e^{-t/\tau} + I\sin(\alpha_k - \gamma) \qquad (7\text{-}13)$$

其中：A_k 为待定系数，τ 为时间常数，并且 $\tau = L_e/R_e$。

将 $i_k(0) = 0$ 代入式（7-13），可以得到 A_k 的表达式为：

$$A_k = I\sin[\gamma + (k-1)120°] \qquad (7\text{-}14)$$

直流电流和三相定子电流之间的关系为：

$$i_{dc} = \sum_{k=1}^{3} d_k i_k \qquad (7\text{-}15)$$

将式（7-13）和式（7-14）代入式（7-15），可以得到 i_{dc} 的表达式为：

$$i_{dc} = \frac{3m}{4} I[\cos\gamma - \cos(\omega_e t + \gamma)e^{-t/\tau}] \qquad (7\text{-}16)$$

鉴于时间常数 τ 的值一般较小，忽略暂态过程后，可以将逆变器电路和电机等效为一个负载电阻 R_d 和电流源 I_1 的并联，如图 7-4 所示。

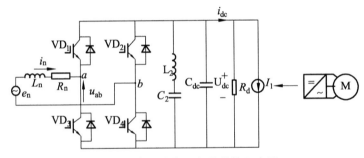

图 7-4　牵引逆变器直流等效示意图

考虑到图 7-3 中的三个电阻消耗的有功功率等于图 7-4 中电阻 R_d 消耗的有功功率，可以得到如下所示的功率平衡关系：

$$3\left(\frac{I}{\sqrt{2}}\right)^2 R_e = \frac{u_{dc}^2}{R_d} \qquad (7\text{-}17)$$

从而可以得到等效电阻 R_d 的表达式为：

$$R_d = \frac{8[R_e^2 + (\omega_e L_e)^2]}{3m^2 R_e} \qquad (7\text{-}18)$$

根据图 7-4 中的电流关系，忽略 i_{dc} 中的暂态过程，可以得到等效电流源 I_1 的表达式为：

$$\begin{aligned} I_1 &= i_{dc} - \frac{u_{dc}}{R_d} = \frac{3}{4} mI\cos\gamma - \frac{u_{dc}}{R_d} \\ &= \frac{3}{8} m^2 u_{dc}\left[\sqrt{\frac{1}{R_e^2 + (\omega_e L_e)^2}}\cos\left[\arctan\left(\frac{\omega_e L_e}{R_e}\right)\right] - \frac{R_e}{R_e^2 + (\omega_e L_e)^2}\right] \end{aligned} \qquad (7\text{-}19)$$

7.2.3 考虑逆变器的列车 dq 阻抗模型

本节在已有变流器模型的基础上，建立引入逆变器模型后的 CRH5 型列车与 HXD2B 型客车 dq 系阻抗模型，其中两车的控制结构如图 7-1 所示，主电路拓扑相同，如图 7-5 所示。

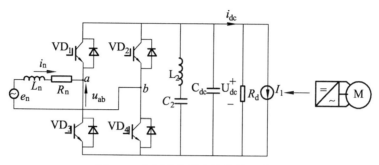

图 7-5　牵引逆变器直流等效示意图

根据图 7-5 中的网侧变流器主电路列写状态方程为：

$$L_n \frac{di_n}{dt} = e_n - i_n R_n - d_n u_{dc} \left.\begin{matrix}\\\\\end{matrix}\right\}$$
$$C_d \frac{du_{dc}}{dt} = d_n i_n - \left(\frac{u_{dc}}{R_d} + I_1\right)$$
$$(7\text{-}20)$$

其中：VD_1 和 VD_4 导通，VD_2 和 VD_3 截止时，d_n 为 1；VD_2 和 VD_3 导通，VD_1 和 VD_4 截止时，d_n 为 0。由于建立的目标模型是 dq 系阻抗模型，因此需要将状态变量 x 通过逆 Park 变换分解到 dq 系，关系式为：

$$x_\alpha = x_d \cos \omega t - x_q \sin \omega t \qquad (7\text{-}21)$$

基于式（7-20）的转换关系，同时忽略直流侧二次工频纹波，得到 dq 系主电路状态方程为：

$$L_n \frac{di_d}{dt} = e_d - R_n i_d + \omega_1 L_n i_q - d_d u_{dc} \left.\begin{matrix}\\\\\\\\\end{matrix}\right\}$$
$$L_n \frac{di_q}{dt} = e_q - R_n i_q - \omega_1 L_n i_d - d_d u_{dc}$$
$$C_d \frac{du_{dc}}{dt} = \frac{1}{2}(d_d i_d + d_q i_q) - \left(\frac{u_{dc}}{R_d} + I_1\right)$$
$$(7\text{-}22)$$

在稳态条件下，对 dq 系的平均模型进行静态工作点求解和分析，可得电路的占空比、状态变量和输出变量。由于在电路稳态时，锁相环锁取的相位即为网压相位，且此时功率因数为 1，因此 E_q、I_q 为 0，其他变量稳态值见式（7-23）。

$$
\left.\begin{array}{l}
I_d = \dfrac{E_d - \sqrt{E_d^2 - 8R_{\mathrm{n}}U_{\mathrm{dc}}\left(\dfrac{U_{\mathrm{dc}}}{R_d} + I_1\right)}}{2R_{\mathrm{n}}} \\[4mm]
D_d = \dfrac{E_d + \sqrt{E_d^2 - 8R_{\mathrm{n}}U_{\mathrm{dc}}\left(\dfrac{U_{\mathrm{dc}}}{R_d} + I_1\right)}}{2U_{\mathrm{dc}}} \\[4mm]
D_q = \dfrac{-\omega_1 L_{\mathrm{n}}E_d + \omega_1 L_{\mathrm{n}}\sqrt{E_d^2 - 8R_{\mathrm{n}}U_{\mathrm{dc}}\left(\dfrac{U_{\mathrm{dc}}}{R_d} + I_1\right)}}{2R_{\mathrm{n}}U_{\mathrm{dc}}}
\end{array}\right\} \tag{7-23}
$$

对式（7-21）进行小信号线性化展开及拉普拉斯变换，可得单变流器主电路模型如图 7-6 所示，分别对输入电压矢量的扰动和占空比矢量的扰动置零来导出对应的传递函数矩阵，即得到 CRH5 型列车与 HXD$_{2\mathrm{B}}$ 型客车主电路拓扑的 dq 系阻抗数学模型，如式（7-24）所示。

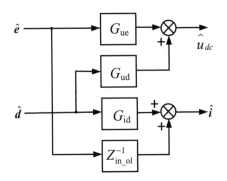

图 7-6　主电路小信号矩阵模型

$$
\left.\begin{array}{l}
\mathbf{Z}_{RL} = \begin{bmatrix} R_{\mathrm{n}} + sL_{\mathrm{n}} & -\omega_1 L_{\mathrm{n}} \\ \omega_1 L_{\mathrm{n}} & R_{\mathrm{n}} + sL_{\mathrm{n}} \end{bmatrix} \qquad \mathbf{Z}_{RC} = \dfrac{R_{\mathrm{d}}}{sR_{\mathrm{d}}C_{\mathrm{d}} + 1} \\[4mm]
\mathbf{Z}_{\mathrm{in\_ol}} = \mathbf{Z}_{RL} + \dfrac{\mathbf{Z}_{RC}}{2}\begin{bmatrix} D_d^{s2} & D_d^s D_q^s \\ D_d^s D_q^s & D_q^{s2} \end{bmatrix} \\[4mm]
\mathbf{G}_{\mathrm{id}} = -\mathbf{Z}_{\mathrm{in\_ol}}^{-1}\left(\dfrac{\mathbf{Z}_{RC}}{2}\begin{bmatrix} D_d^s \\ D_q^s \end{bmatrix}\begin{bmatrix} I_d^s & I_q^s \end{bmatrix} + \begin{bmatrix} U_{\mathrm{dc}} & 0 \\ 0 & U_{\mathrm{dc}} \end{bmatrix} \right) \\[4mm]
\mathbf{G}_{\mathrm{ue}} = \dfrac{\mathbf{Z}_{RC}}{2}\begin{bmatrix} D_d^s & D_q^s \end{bmatrix}\mathbf{Z}_{\mathrm{in\_ol}}^{-1} \\[4mm]
\mathbf{G}_{\mathrm{ud}} = \dfrac{\mathbf{Z}_{RC}}{2}\begin{bmatrix} D_d^s & D_q^s \end{bmatrix}\mathbf{G}_{\mathrm{id}} \\[4mm]
\begin{bmatrix} \Delta u_{\mathrm{dc}} \\ 0 \end{bmatrix} = \underbrace{\dfrac{\mathbf{Z}_{RC}}{2}\begin{bmatrix} I_d^s & I_q^s \\ 0 & 0 \end{bmatrix}}_{G_{DCD}}\begin{bmatrix} \Delta d_d \\ \Delta d_q \end{bmatrix} + \underbrace{\dfrac{\mathbf{Z}_{RC}}{2}\begin{bmatrix} D_d^s & D_q^s \\ 0 & 0 \end{bmatrix}}_{G_{DCI}}\begin{bmatrix} \Delta i_d \\ \Delta i_q \end{bmatrix}
\end{array}\right\} \tag{7-24}
$$

7.2.4 考虑逆变器的 CRH5 型列车 *dq* 阻抗模型

1. SOGI-PLL 小信号数学模型

图 7-7 为 SOGI-PLL 总体控制框图。将输入电压和电感电流 e_n、i_n 作为 α 系分量，在 SOGI 作用下得到虚构的 β 系分量。通过 Park 变换将 $\alpha\beta$ 系的信号量分解到 dq 系。在控制器的作用下，dq 系的电压、电流作为控制变量实现对系统的控制。坐标变换所需的相位角由锁相环（PLL）提供。

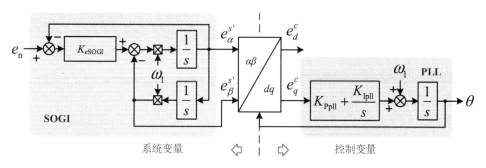

图 7-7 SOGI-PLL 总体控制框图

由于锁相环的存在，该单相整流系统存在两个 dq 坐标系，一个是由网压定义的系统 dq 系（用上标 s 表示），一个是由锁相环决定的控制 dq 系（用上标 c 表示），两个坐标系之间存在 $\Delta\theta$ 的角度差。在系统稳态下，控制 dq 系和系统 dq 系对齐；当输入电压存在小信号扰动时，系统的 dq 系随之改变。此时由于锁相环的动态特性，控制 dq 系与系统 dq 系不再对齐。系统 dq 系中的电压、电流矢量通过矩阵 $\boldsymbol{T}_{\Delta\theta}$ 旋转到控制 dq 系进行反馈控制。

$$\boldsymbol{T}_{\Delta\theta} = \begin{bmatrix} \cos\Delta\theta & \sin\Delta\theta \\ -\sin\Delta\theta & \cos\Delta\theta \end{bmatrix} \tag{7-25}$$

$$e^c = \boldsymbol{T}_{\Delta\theta}e^s, i^c = \boldsymbol{T}_{\Delta\theta}i^s, d^c = \boldsymbol{T}_{\Delta\theta}d^s \tag{7-26}$$

二阶广义积分器的结构如图 7-8 所示，输出信号 qv' 滞后 $v'90°$，因此 qv' 和 v' 始终保持互相正交。因此 SOGI 可以实现虚构 β 系分量。SOGI 在 $\alpha\beta$ 系下的传递函数由式（7-27）表示。

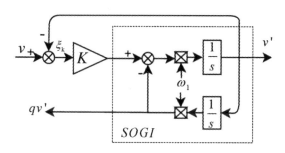

图 7-8 SOGI 结构图

$$\boldsymbol{H}(s) = \begin{bmatrix} \dfrac{K_{\mathrm{SOGI}}\omega_1 s}{s^2 + K_{\mathrm{SOGI}}\omega_1 s + \omega_1^2} & \\ & \dfrac{K_{\mathrm{SOGI}}\omega_1 s}{s^2 + K_{\mathrm{SOGI}}\omega_1 s + \omega_1^2} \end{bmatrix} = \begin{bmatrix} H(s) & \\ & H(s) \end{bmatrix} \qquad （7\text{-}27）$$

根据以上分析，可以得到如图 7-9 所示的 SOGI-PLL 控制框图，其中 $\boldsymbol{T}_{\theta 1}$ 为系统 dq 系的转换矩阵。

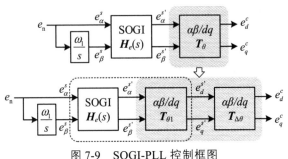

图 7-9　SOGI-PLL 控制框图

图 7-9 所示的模型中，$H(s)$ 是基于 $\alpha\beta$ 系的 SOGI 表达式。为最终得到 dq 阻抗模型，需要将 SOGI 在 $\alpha\beta$ 系的数学模型转换到 dq 系。如图 7-10 所示，$H_{dq}(s)$ 是综合表示 $H(s)$ 和 $\boldsymbol{T}_{\theta 1}$ 两个模块的 dq 系传递函数。

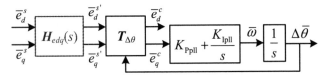

图 7-10　dq 系 SOGI-PLL 小信号平均模型

由于 $H(s)$ 和 $\boldsymbol{T}_{\theta 1}$ 不在同一个坐标体系中，因此统一在时域内进行模型的分析求解。本小节以作用于电压的 SOGI 模块为例进行推导。根据卷积定理，频域的乘积等于时域的卷积，可以得到时域转换关系为：

$$\begin{bmatrix} e_d^{s'} \\ e_q^{s'} \end{bmatrix} = \begin{bmatrix} \sin\omega_1 t & -\cos\omega_1 t \\ \cos\omega_1 t & \sin\omega_1 t \end{bmatrix}\begin{bmatrix} h_e(t)*e_\alpha^s \\ h_e(t)*e_\beta^s \end{bmatrix}$$
$$= \begin{bmatrix} \sin\omega_1 t \cdot (h_e(t)*e_\alpha^s) - \cos\omega_1 t \cdot (h_e(t)*e_\beta^s) \\ \cos\omega_1 t \cdot (h_e(t)*e_\alpha^s) + \sin\omega_1 t \cdot (h_e(t)*e_\beta^s) \end{bmatrix} \qquad （7\text{-}28）$$

根据拉普拉斯变换并进行简化计算，最终可以得到频域下的关系式：

$$\begin{bmatrix} E_d^{s'}(s) \\ E_q^{s'}(s) \end{bmatrix} = G_H(s)G_E(s) \qquad （7\text{-}29）$$

$$G_H(s) = \begin{bmatrix} \dfrac{1}{2}H(s+\mathrm{j}\omega_1) + \dfrac{1}{2}H(s-\mathrm{j}\omega_1) & \dfrac{\mathrm{j}}{2}H(s+\mathrm{j}\omega_1) - \dfrac{\mathrm{j}}{2}H(s-\mathrm{j}\omega_1) \\ -\dfrac{\mathrm{j}}{2}H(s+\mathrm{j}\omega_1) - \dfrac{\mathrm{j}}{2}H(s-\mathrm{j}\omega_1) & \dfrac{1}{2}H(s+\mathrm{j}\omega_1) + \dfrac{1}{2}H(s-\mathrm{j}\omega_1) \end{bmatrix} \qquad （7\text{-}30）$$

$$G_E(s) = \begin{bmatrix} \dfrac{j}{2}(E_\alpha^s(s+j\omega_1) - E_\alpha^s(s-j\omega_1)) - \dfrac{1}{2}(E_\beta^s(s+j\omega_1) + E_\beta^s(s-j\omega_1)) \\ \dfrac{1}{2}(E_\alpha^s(s+j\omega_1) + E_\alpha^s(s-j\omega_1)) + \dfrac{j}{2}(E_\beta^s(s+j\omega_1) - E_\beta^s(s-j\omega_1)) \end{bmatrix} \quad (7\text{-}31)$$

通过拉普拉斯变换将得到的频域表达式转换到时域下，可得：

$$\begin{aligned}
\begin{bmatrix} e_d^{s'} \\ e_q^{s'} \end{bmatrix} &= g_H(t) * \begin{bmatrix} e_\alpha^s \sin\omega_1 t - e_\beta^s \cos\omega_1 t \\ e_\alpha^s \cos\omega_1 t + e_\beta^s \sin\omega_1 t \end{bmatrix} \\
&= g_H(t) * \left(\begin{bmatrix} \sin\omega_1 t & -\cos\omega_1 t \\ \cos\omega_1 t & \sin\omega_1 t \end{bmatrix} \begin{bmatrix} e_\alpha^s \\ e_\beta^s \end{bmatrix} \right) \\
&= g_H(t) * \begin{bmatrix} e_d^s \\ e_q^s \end{bmatrix}
\end{aligned} \quad (7\text{-}32)$$

再进行一次拉普拉斯变换，得到 dq 系状态方程为：

$$\begin{bmatrix} E_d^{s'}(s) \\ E_q^{s'}(s) \end{bmatrix} = G_H(s) \begin{bmatrix} E_d^s(s) \\ E_q^s(s) \end{bmatrix} \quad (7\text{-}33)$$

因此，SOGI 在 dq 系的数学模型为：

$$H_{dq}(s) = G_H(s) \quad (7\text{-}34)$$

本章所建立的作用于电压、电流的 SOGI 模块结构相同，因此该传递函数表达式同样可以作为作用于电流的 SOGI 模块表达式。

输入电压的小信号扰动会使 PLL 的输出相角存在一个扰动量 $\hat{\theta}$，并进一步给控制 dq 系的输入电压、电流和占空比矢量带来扰动。为模拟小信号扰动通过锁相环的传播路径，定义 $\boldsymbol{G}_{pll}^{v}$、$\boldsymbol{G}_{pll}^{i}$ 和 $\boldsymbol{G}_{pll}^{d}$ 三个传递函数矩阵，作为小信号扰动从输入电压到控制 dq 系电压、电流和占空比的传输路径矩阵。

dq 系 SOGI-PLL 小信号平均模型见图 7-10。系统 dq 系和控制 dq 系的稳态关系为：

$$\vec{\boldsymbol{E}}^c = \vec{\boldsymbol{E}}^{s'}, \vec{\boldsymbol{I}}^c = \vec{\boldsymbol{I}}^{s'}, \vec{\boldsymbol{D}}^c = \vec{\boldsymbol{D}}^{s'} \quad (7\text{-}35)$$

稳态时，系统 dq 系与控制 dq 系是重合的，夹角为 $0°$，因此式（7-35）可以引入旋转矩阵改写成式（7-36）：

$$\left.\begin{aligned}
\vec{\boldsymbol{E}}^c &= \begin{bmatrix} \cos(0) & \sin(0) \\ -\sin(0) & \cos(0) \end{bmatrix} \vec{\boldsymbol{E}}^{s'} \\
\vec{\boldsymbol{I}}^c &= \begin{bmatrix} \cos(0) & \sin(0) \\ -\sin(0) & \cos(0) \end{bmatrix} \vec{\boldsymbol{I}}^{s'} \\
\vec{\boldsymbol{D}}^c &= \begin{bmatrix} \cos(0) & -\sin(0) \\ \sin(0) & \cos(0) \end{bmatrix} \vec{\boldsymbol{D}}^{s'}
\end{aligned}\right\} \quad (7\text{-}36)$$

当存在小信号扰动时，则有：

$$
\begin{bmatrix} E_d^c + \hat{e}_d^c \\ E_q^c + \hat{e}_q^c \end{bmatrix} = \begin{bmatrix} \cos(0+\hat{\theta}) & \sin(0+\hat{\theta}) \\ -\sin(0+\hat{\theta}) & \cos(0+\hat{\theta}) \end{bmatrix} \begin{bmatrix} E_d^{s'} + \hat{e}_d^{s'} \\ E_q^{s'} + \hat{e}_q^{s'} \end{bmatrix} \tag{7-37}
$$

由于产生的扰动角很小，将三角函数采取小角度近似处理，并消除稳态值，得到式（7-38）：

$$
\begin{bmatrix} \hat{e}_d^c \\ \hat{e}_q^c \end{bmatrix} \approx \begin{bmatrix} \hat{e}_d^{s'} + E_q^{s'}\hat{\theta} \\ -E_d^{s'}\hat{\theta} + \hat{e}_q^{s'} \end{bmatrix} \tag{7-38}
$$

在图 7-10 的 PLL 平均模型中推导出扰动角的关系式：

$$
\left.\begin{aligned}
\hat{\theta} &= \hat{e}_q^c \cdot tf_{\text{pll}} \cdot \frac{1}{s} = \frac{tf_{\text{pll}}}{s + E_d^{s'} tf_{\text{pll}}} \hat{e}_q^{s'} \\
tf_{\text{pll}} &= K_{\text{Ppll}} + K_{\text{Ipll}} \cdot \frac{1}{s} \\
\hat{\theta} &= \frac{K_{\text{Ppll}} s + K_{\text{Ipll}}}{s^2 + E_d^{s'} K_{\text{Ppll}} s + E_d^{s'} K_{\text{Ipll}}} \hat{e}_q^{s'} = G_{\text{pll}} \hat{e}_q^{s'}
\end{aligned}\right\} \tag{7-39}
$$

将式（7-39）代入式（7-38）得：

$$
\begin{bmatrix} \hat{e}_d^c \\ \hat{e}_q^c \end{bmatrix} \approx \begin{bmatrix} \hat{e}_d^{s'} + E_q^{s'} G_{\text{pll}} \hat{e}_q^{s'} \\ -E_d^{s'} G_{\text{pll}} \hat{e}_q^{s'} + \hat{e}_q^{s'} \end{bmatrix} = \begin{bmatrix} 1 & E_q^{s'} G_{\text{pll}} \\ 0 & 1 - E_d^{s'} G_{\text{pll}} \end{bmatrix} \begin{bmatrix} \hat{e}_d^{s'} \\ \hat{e}_q^{s'} \end{bmatrix} = \boldsymbol{G}_{\text{pll}}^e \begin{bmatrix} \hat{e}_d^{s'} \\ \hat{e}_q^{s'} \end{bmatrix} \tag{7-40}
$$

与电压传输矩阵同理，用类似的小信号分析，可以得到输入电流和占空比矢量的传输关系式：

$$
\left.\begin{aligned}
\begin{bmatrix} \hat{i}_d^c \\ \hat{i}_q^c \end{bmatrix} &= \begin{bmatrix} 0 & I_q^{s'} G_{\text{pll}} \\ 0 & -I_d^{s'} G_{\text{pll}} \end{bmatrix} \begin{bmatrix} \hat{e}_d^{s'} \\ \hat{e}_q^{s'} \end{bmatrix} + \begin{bmatrix} \hat{i}_d^{s'} \\ \hat{i}_q^{s'} \end{bmatrix} = \boldsymbol{G}_{\text{pll}}^i \begin{bmatrix} \hat{e}_d^{s'} \\ \hat{e}_q^{s'} \end{bmatrix} + \begin{bmatrix} \hat{i}_d^{s'} \\ \hat{i}_q^{s'} \end{bmatrix} \\
\begin{bmatrix} \hat{d}_d^s \\ \hat{d}_q^s \end{bmatrix} &= \begin{bmatrix} 0 & -D_q^{s'} G_{\text{pll}} \\ 0 & D_d^{s'} G_{\text{pll}} \end{bmatrix} \begin{bmatrix} \hat{e}_d^{s'} \\ \hat{e}_q^{s'} \end{bmatrix} + \begin{bmatrix} \hat{d}_d^c \\ \hat{d}_q^c \end{bmatrix} = \boldsymbol{G}_{\text{pll}}^d \begin{bmatrix} \hat{e}_d^{s'} \\ \hat{e}_q^{s'} \end{bmatrix} + \begin{bmatrix} \hat{d}_d^c \\ \hat{d}_q^c \end{bmatrix}
\end{aligned}\right\} \tag{7-41}
$$

因此得到输入电压扰动在控制 dq 系电压、电流和占空比的传输矩阵为：

$$
\left.\begin{aligned}
\boldsymbol{G}_{\text{pll}}^e &= \begin{bmatrix} 1 & E_q^{s'} G_{\text{pll}} \\ 0 & 1 - E_d^{s'} G_{\text{pll}} \end{bmatrix} \\
\boldsymbol{G}_{\text{pll}}^i &= \begin{bmatrix} 0 & I_q^{s'} G_{\text{pll}} \\ 0 & -I_d^{s'} G_{\text{pll}} \end{bmatrix} \\
\boldsymbol{G}_{\text{pll}}^d &= \begin{bmatrix} 0 & -D_q^{s'} G_{\text{pll}} \\ 0 & D_d^{s'} G_{\text{pll}} \end{bmatrix}
\end{aligned}\right\} \tag{7-42}
$$

2. 电流控制环数学模型

本章研究的 CRH5 型动车的单相整流器采取电压外环、电流内环的控制策略。在分析电流控制环节时发现，d 轴的电流既受 d 轴占空比控制又受 q 轴占空比控制，q 轴的电流控制同理。d 轴和 q 轴之间存在耦合关系，两者不是独立控制的。由于 dq 系的控制量与被控制量相互耦合，因此电流控制环节采取电流解耦控制，保证 d 轴的占空比信号控制 d 轴的电流，q 轴的占空比信号控制 q 轴的电流。

单相整流器的小信号模型方程见式（7-38），直流侧电压 u_{dc} 由电压外环控制。本节在控制 dq 系中分析电流控制环，并建立电流环数学模型，忽略直流侧电压扰动，则有：

$$\left. \begin{array}{l} L_n \dfrac{d\hat{\boldsymbol{i}}_d^c}{dt} = \hat{\boldsymbol{e}}_d^c - R_n \hat{\boldsymbol{i}}_d^c + \omega_1 L_n \hat{\boldsymbol{i}}_q^c - \hat{\boldsymbol{d}}_d^c U_{dc} \\ L_n \dfrac{d\hat{\boldsymbol{i}}_q^c}{dt} = \hat{\boldsymbol{e}}_q^c - R_n \hat{\boldsymbol{i}}_q^c - \omega_1 L_n \hat{\boldsymbol{i}}_d^c - \hat{\boldsymbol{d}}_q^c U_{dc} \end{array} \right\} \tag{7-43}$$

对式（7-43）进行拉普拉斯变换，得到频域下的数学表达式：

$$\left. \begin{array}{l} (R_n + L_n s)\hat{\boldsymbol{i}}_d^c(s) = \hat{\boldsymbol{e}}_d^c(s) + \omega_1 L_n \hat{\boldsymbol{i}}_q^c(s) - \hat{\boldsymbol{d}}_d^c(s) U_{dc} \\ (R_n + L_n s)\hat{\boldsymbol{i}}_q^c(s) = \hat{\boldsymbol{e}}_q^c(s) - \omega_1 L_n \hat{\boldsymbol{i}}_d^c(s) - \hat{\boldsymbol{d}}_q^c(s) U_{dc} \end{array} \right\} \tag{7-44}$$

为实现解耦，在式（7-44）中两个等式中分别取一个中间变量，即：

$$\left. \begin{array}{l} M_d(s) = \hat{\boldsymbol{e}}_d^c(s) + \omega_1 L_n \hat{\boldsymbol{i}}_q^c(s) - \hat{\boldsymbol{d}}_d^c(s) U_{dc} \\ M_q(s) = \hat{\boldsymbol{e}}_q^c(s) - \omega_1 L_n \hat{\boldsymbol{i}}_d^c(s) - \hat{\boldsymbol{d}}_q^c(s) U_{dc} \end{array} \right\} \tag{7-45}$$

$$\left. \begin{array}{l} (R_n + L_n s)\hat{\boldsymbol{i}}_d^c(s) = M_d(s) \\ (R_n + L_n s)\hat{\boldsymbol{i}}_q^c(s) = M_q(s) \end{array} \right\} \tag{7-46}$$

式（7-45）表明，d 轴、q 轴的控制量与被控制量互相独立，实现初步解耦，控制框图如图 7-11 所示。

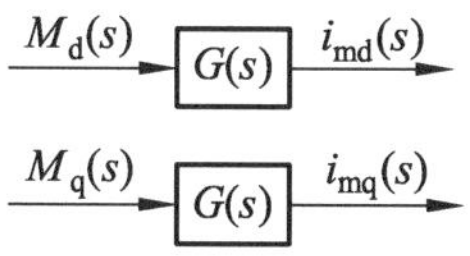

图 7-11　引入中间变量实现电流解耦

解耦的关键在于构造引入的中间变量 $M_d(s)$ 和 $M_q(s)$，通常采用 PI 控制器得到两个中间变量，其数学表达式见式（7-47），模型框图见图 7-12，其中参考电流 i_{dref}^c 由电压控制环中的输出量提供，i_{qref}^c 为 0，保证整流器的功率因数为 1。

$$\left. \begin{array}{l} M_d(s) = [\hat{\boldsymbol{i}}_{dref}^c(s) - \hat{\boldsymbol{i}}_d^c(s)]\left(K_P + \dfrac{K_I}{s}\right) \\ M_q(s) = [\hat{\boldsymbol{i}}_{qref}^c(s) - \hat{\boldsymbol{i}}_q^c(s)]\left(K_P + \dfrac{K_I}{s}\right) \end{array} \right\} \tag{7-47}$$

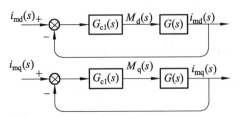

图 7-12　电流解耦引入中间变量的流程框图

对于 d 轴控制环节，检测到的实际电流和给定的参考电流已知，可以由 PI 控制器得到中间变量 $M_d(s)$，$\hat{i}_d^c$ 仅由中间变量控制，因此可以形成一个经典的闭环控制。q 轴的控制过程与 d 轴类似，通过引入并构造中间量的处理，可以独立控制 d 轴和 q 轴。

由于上述框图的中间变量是 $M_d(s)$ 和 $M_q(s)$，而研究的 CRH5 单相整流器的输入控制量只有 $\hat{d}_d^c$ 和 $\hat{d}_q^c$，因此需要将式（7-47）代入式（7-45）中将实际的控制变量 $\hat{d}_d^c$ 和 $\hat{d}_q^c$ 反解，得到式（7-48）：

$$\left.\begin{array}{l}\hat{d}_d^c(s)=\dfrac{1}{U_{\mathrm{dc}}}\hat{e}_d^c(s)+\dfrac{1}{U_{\mathrm{dc}}}\omega_1 L_{\mathrm n}\hat{i}_q^c(s)-\dfrac{1}{U_{\mathrm{dc}}}\left(K_P+\dfrac{K_I}{s}\right)[\hat{i}_{\mathrm{dref}}^c(s)-\hat{i}_d^c(s)]\\[3mm]\hat{d}_q^c(s)=\dfrac{1}{U_{\mathrm{dc}}}\hat{e}_q^c(s)-\dfrac{1}{U_{\mathrm{dc}}}\omega_1 L_{\mathrm n}\hat{i}_d^c(s)-\dfrac{1}{U_{\mathrm{dc}}}\left(K_P+\dfrac{K_I}{s}\right)[\hat{i}_{\mathrm{qref}}^c(s)-\hat{i}_q^c(s)]\end{array}\right\}\quad（7\text{-}48）$$

电流控制环的整体控制框图如图 7-13 所示。

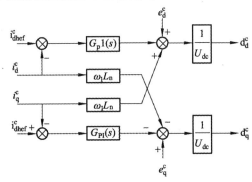

图 7-13　电流控制环控制框图

将式（7-48）转化成状态空间表达式，可以得到电流控制环的数学模型表达式：

$$\begin{bmatrix}\hat{d}_d^c\\\hat{d}_q^c\end{bmatrix}=\boldsymbol{G}_{ce}\begin{bmatrix}\hat{e}_d^c\\\hat{e}_q^c\end{bmatrix}-\boldsymbol{G}_{ci}\left(\begin{bmatrix}\hat{i}_{\mathrm{dref}}^c\\\hat{i}_{\mathrm{qref}}^c\end{bmatrix}-\begin{bmatrix}\hat{i}_d^c\\\hat{i}_q^c\end{bmatrix}\right)+\boldsymbol{G}_{dei}\begin{bmatrix}\hat{i}_d^c\\\hat{i}_q^c\end{bmatrix}\quad（7\text{-}49）$$

$$\boldsymbol{G}_{ce}=\frac{1}{U_{\mathrm{dc}}}\begin{bmatrix}1&\\&1\end{bmatrix}\quad（7\text{-}50）$$

$$\boldsymbol{G}_{ci}=\frac{1}{U_{\mathrm{dc}}}\begin{bmatrix}K_{Pi}+\dfrac{K_{Ii}}{s}&\\&K_{Pi}+\dfrac{K_{Ii}}{s}\end{bmatrix}\quad（7\text{-}51）$$

$$G_{dei} = \frac{1}{U_{dc}} \begin{bmatrix} & \omega_1 L_n \\ -\omega_1 L_n & \end{bmatrix} \tag{7-52}$$

3. 电压控制环数学模型

CRH5 型动车组的单相整流器采用电压外环、电流内环控制策略，电压外环的控制目标是通过 PI 控制器使直流侧电压保持恒定，跟随给定的电压参考值 u_{ref}^c。与此同时，在 7.2.4.2 小节也介绍给定的电流 d 轴分量参考值 i_{dref}^c 是由电压控制环的输出信号提供。电压控制环的原理相对简单，其传输矩阵表示为：

$$G_{cu} = \begin{bmatrix} -K_{Pu} - \dfrac{K_{Iu}}{s} \\ 0 \end{bmatrix} \tag{7-53}$$

4. 单相整流器闭环 dq 阻抗模型

图 7-14 表示单相整流器闭环阻抗 dq 系小信号模型，包括主电路拓扑模块、SOGI-PLL 传输矩阵模块、电流控制环模块以及电压控制模块。其中 G_{del} 表示由数字控制和 PWM 引起的时间延迟（T_{del}），K_e、K_i、K_u 表示采样时信号调理的滤波器传递函数矩阵。

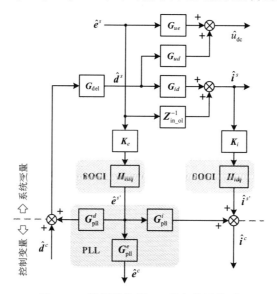

图 7-14　单相整流器 dq 系小信号模型

根据图 7-14 的整体流程框图可知，需要求解闭环阻抗的数学模型表达式，即推导 $\hat{i}^s$ 到 $\hat{e}^s$ 的传输矩阵：

$$\begin{aligned}
Z_{in\_cl} = &\begin{pmatrix} G_{id}(I_2 + G_{del}G_{ci}G_{cu}K_uG_{ud})^{-1}G_{del} \\ \cdot((G_{pll}^d + (G_{dei} + G_{ci})G_{pll}^i + G_{ce}G_{pll}^e)H_{edq}K_e - G_{ci}G_{cu}K_uG_{ud}) + Z_{in\_ol}^{-1} \end{pmatrix}^{-1} \\
&\cdot(I_2 - G_{id}(I_2 + G_{del}G_{ci}G_{cu}K_uG_{ud})^{-1}G_{del}(G_{dei} + G_{ci})H_{idq}K_i)
\end{aligned} \tag{7-54}$$

式（7-54）中，I_2 为单位矩阵，C_d 和 R_d 为直流侧的电容和整流器的负载。由于引

入 G_{del}，K_e、K_i、K_u 对阻抗模型的影响不大，为简化分析过程，在仿真验证过程中省略对这四个模块的计算。

7.2.5 考虑逆变器的 HXD$_{2B}$ 型电力机车 dq 阻抗模型

对于 HXD$_{2B}$ 型电力机车，采用瞬态电流控制方式，其控制结构如图 7-1 所示，其 SOGI-PLL 部分的建模与 CRH5 型车中的锁相环建模相同。用电压控制环控制直流侧电压稳定，并输出网侧电流幅值的参考值 i_n^{ref}。同时为改善 PI 控制器的动态响应，引入前馈量 $i_n^{ffd} = \sqrt{2}i_{dc}u_{dc} / U_d$。在单位功率因数的工况下，电压输出环 i_n^{ref} 为 dq 坐标系中 d 轴电流的参考值 i_d^{ref}，而 q 轴电流参考值 i_q^{ref} 为 0，表示为：

$$\left. \begin{aligned} i_d^{ref} = i_n^{ref} = \left(K_{pvc} + \frac{K_{ivc}}{s} \right)(u_{dc}^{ref} - u_{dc}) + \frac{\sqrt{2}i_{dc}u_{dc}}{U_d} \\ i_q^{ref} = 0 \end{aligned} \right\} \tag{7-55}$$

在直流侧电阻支路上，有 $u_{dc} = i_{dc}R_d$，联立式（7-55）并进行小信号线性化可得：

$$\begin{bmatrix} \Delta i_d^{ref} \\ \Delta i_q^{ref} \end{bmatrix} = \begin{bmatrix} -\left(K_{pvc} + \dfrac{K_{ivc}}{s} \right) + \dfrac{2\sqrt{2}U_{dc}}{U_d R_d} + \dfrac{\sqrt{2}I_1}{U_d} & 0 \\ 0 & 0 \end{bmatrix} \begin{bmatrix} \Delta u_{dc} \\ 0 \end{bmatrix} \tag{7-56}$$

通过电流控制环获取开关信号，引入补偿量 $\omega L_n i_n^{ref} \cos\theta_1$ 和 $R_n i_n^{ref} \sin\theta_1$ 提高系统的动态响应能力。电流环输出的开关状态量为：

$$d_n^{ref} = \frac{1}{u_{dc}}[u_n^* - \omega_o L_n i_n^{ref} \cos\theta_1 - R_n i_n^{ref} \sin\theta_1 - K_{pcc}(i_n^{ref} \sin\theta_1 - i_n)] \tag{7-57}$$

对其进行 dq 变换，得到：

$$\left. \begin{aligned} d_d^{ref} = \frac{1}{u_{dc}}[u_d^* - R_n i_d^{ref} - K_{pcc}(i_d^{ref} - i_d) + \Delta\theta(\omega_o L_n i_d^{ref})] \\ d_q^{ref} = \frac{1}{u_{dc}}[u_q^* - \omega L_n i_d^{ref} - K_{pcc}(i_q^{ref} - i_q) - \Delta\theta(R_n i_d^{ref} + K_{pcc}i_d^{ref})] \end{aligned} \right\} \tag{7-58}$$

将式（7-58）进行小信号线性化处理，并联立式（7-38），得到：

$$\begin{bmatrix} d_d^{ref} \\ d_q^{ref} \end{bmatrix} = \underbrace{\begin{bmatrix} \dfrac{1}{U_{dc}} & \dfrac{\omega_o L_n I_d^{ref} G_{PLL}}{U_{dc}} \\ 0 & \dfrac{1 - (R_n + K_{pcc})I_d^{ref} G_{PLL}}{U_{dc}} \end{bmatrix}}_{G_{EP}} \begin{bmatrix} \Delta u_d^* \\ \Delta u_q^* \end{bmatrix} - \underbrace{\begin{bmatrix} \dfrac{K_{pcc}}{U_{dc}} & 0 \\ 0 & \dfrac{K_{pcc}}{U_{dc}} \end{bmatrix}}_{G_{CC}} \begin{bmatrix} \Delta i_d^{ref} - \Delta i_d \\ \Delta i_q^{ref} - \Delta i_q \end{bmatrix} +$$

$$\underbrace{\begin{bmatrix} -\dfrac{R_n}{U_{dc}} & 0 \\ -\dfrac{\omega_o L_n}{U_{dc}} & 0 \end{bmatrix}}_{G_{COM}} \begin{bmatrix} \Delta i_d^{ref} \\ \Delta i_q^{ref} \end{bmatrix} - \underbrace{\begin{bmatrix} -\dfrac{D_d}{U_{dc}} & 0 \\ -\dfrac{D_q}{U_{dc}} & 0 \end{bmatrix}}_{G_{DC}} \begin{bmatrix} \Delta u_{dc} \\ 0 \end{bmatrix} \tag{7-59}$$

其中，稳态值 $I_d^{\text{ref}} = \dfrac{\sqrt{2}U_{\text{dc}}^2}{U_d R_d} + \dfrac{\sqrt{2}U_{\text{dc}}I_1}{U_d}$。

整理以上推导内容，可以得到 HXD2B 型电力机车的等效闭环小信号阻抗模型：

$$Z_{\text{HXD2B}} = (Z_{\text{in\_ol}}^{-1} + G_{\text{id}}G_1G_3)^{-1}(I_2 - G_{\text{id}}G_1G_2) \qquad (7\text{-}60)$$

其中：

$$\left.\begin{aligned}
G_1 &= [I_2 + (G_{\text{CC}} - G_{\text{COM}})G_{\text{VC}}G_{\text{DCD}} + G_{\text{DC}}G_{\text{DCD}}]^{-1} \\
G_2 &= G_{\text{CC}} - (G_{\text{CC}} - G_{\text{COM}})G_{\text{VC}}G_{\text{DCI}} - G_{\text{DC}}G_{\text{DCI}} \\
G_3 &= G_{\text{EP}}H_{dq}
\end{aligned}\right\} \qquad (7\text{-}61)$$

7.2.6 模型正确性验证

为验证模型的准确性，基于 Matlab/Simulink 平台搭建列车时域仿真模型，采用基于 Hilbert 变换的 dq 扫频方法进行阻抗测量，并以 CRH5 型车为例，将考虑逆变器的阻抗模型 Bode 曲线与阻抗测量值进行对比。结果如图 7-15 所示，所建立的模型阻抗曲线与时域仿真扫描所得的阻抗测量点高度吻合，准确性较好。

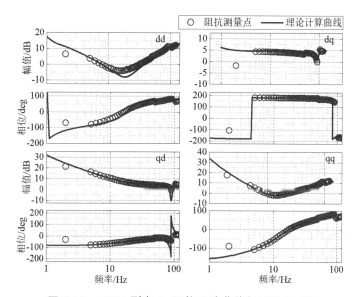

图 7-15　CRH5 列车 dq 阻抗理论曲线与测量点对比

对于单辆列车，可由若干相同网侧变流器并联等效，对于 CRH5 型动车组，其一个动力单元为二重化整流器，并且一共有 5 个动力单元，假设动车组车载变压器工作在线性区，则整个单辆 CRH3 型动车组的阻抗折算到一次侧的模型为：

$$\boldsymbol{Z}_{\text{inCRH5}} = \frac{1}{5}\frac{\boldsymbol{Z}_{\text{i}}\big|_{0.5C_{\text{dc}},\,2R_{\text{L}}}}{2k_{\text{CRH5}}^2} \qquad (7\text{-}62)$$

其中，k_{CRH3} 为 CRH5 型动车组车载变压器的变比，并且有 $k_{\text{CRH5}} = \dfrac{1770}{25\,000}$。

对于 HXD$_{2}$B 型电力机车，由图 7-2 的结构所示，从车载变压器二次侧看过去，其相当于 6 个单整流器并联。假设车载变压器工作在线性区，则 HXD$_{2B}$ 型电力机车阻抗折算到车载变压器一次侧的模型为：

$$\boldsymbol{Z}_{\text{inHXD2B}} = \frac{1}{6} \frac{\boldsymbol{Z}_{\text{i}}}{k_{\text{HXD2B}}^2} \qquad (7\text{-}63)$$

式（7-63）中，k_{HXD2B} 为 HXD$_{2B}$ 型电力机车车载变压器的变比，并且有 $k_{\text{HXD2B}} = \dfrac{2100}{25\,000}$。

7.2.7 客货混跑系统 dq 系阻抗模型

当客车（CRH5）和货车（HXD$_{2B}$）在同一臂上混合运行时，如图 7-1 所示。虽然两车可能分别在上下行两条线路上，但从电气关系上看，二者阻抗视为等效并联。若 CRH5 型列车数量为 a，HXD$_{2B}$ 型列车数量为 b，则整个车网耦合系统的等效阻抗示意图如图 7-16 所示。

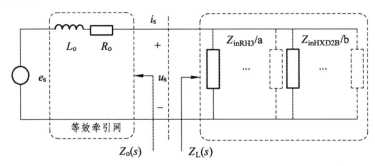

图 7-16　车网耦合系统"源-荷"等效示意图

由图 7-16 可知，当两车并联时，车网耦合系统中负荷侧整体阻抗 Z_{L} 可表示为：

$$\boldsymbol{Z}_{\text{L}} = [a(\boldsymbol{Z}_{\text{inCRH5}})^{-1} + b(\boldsymbol{Z}_{\text{inHDX2B}})^{-1}]^{-1} \qquad (7\text{-}64)$$

7.3　客货混跑车网系统低频振荡分析

由图 7-16 可知，若将牵引网侧的等效阻抗称为源侧阻抗 $\boldsymbol{Z}_{\text{o}}(s)$，两种列车并联后得到的车侧阻抗称为负荷侧阻抗 $\boldsymbol{Z}_{\text{L}}(s)$，则系统阻抗回比矩阵 $\boldsymbol{L}_{\text{dq}}(s)$ 为：

$$\boldsymbol{L}_{\text{dq}}(s) = \boldsymbol{Z}_{\text{o}}(s)\boldsymbol{Z}_{\text{L}}(s)^{-1} \qquad (7\text{-}65)$$

由式（7-65）可知，系统阻抗回比矩阵 $\boldsymbol{L}_{\text{dq}}(s)$ 为一个 2×2 的传递函数矩阵，它有 2 个特征值 $\lambda_1(s)$ 和 $\lambda_2(s)$。由广义 Nyquist 判据可知，要想闭环系统稳定，在源、荷阻抗分别稳定（即 $\boldsymbol{Z}_{\text{o}}(s)$ 和 $\boldsymbol{Z}_{\text{L}}(s)$ 都没有右半平面极点）的前提下，当且仅当 $\boldsymbol{L}_{\text{dq}}(s)$ 的 2 个特征值 $\lambda_1(s)$ 和 $\lambda_2(s)$ 都不包围 $(-1, \text{j}0)$ 点。

7.3.1 客货比例影响

由于在本节的电气稳定性分析中，主要根据图 7-1 所示的混跑示意图来分析。因此在分析 CRH5 型动车组和 HXD$_{2B}$ 型电力机车混合运行的比例对车网系统电气稳定性的影响时，暂时只考虑一条有上下行线路的供电臂上的列车。为直观地展现混运工况下不同列车投入数量对系统稳定性的影响，通过改变 CRH5 列车和 HXD$_{2B}$ 列车的比例，观察系统稳定性的变化趋势。在本节的分析中，CRH5 型动车组和 HXD$_{2B}$ 型电力机车混合运行的总车数为 8 辆，两种列车的混跑比例发生改变。三种不同客货混跑比例下系统的广义 Nyquist 曲线及仿真如图 7-17 所示。由图 7-17 可以看出，当系统内其他参数不变时，CRH5 型车与 HXD$_{2B}$ 电力机车的比例为 5：3、6：2、7：1 时，奈奎斯特曲线与 x 轴的交点分别为-0.62、-0.82 以及-1.01。即随着 CRH5 型车比例的增加，奈奎斯特曲线逐渐靠近并包围(-1, j0)。当混运比例为 7：1 时，发生 2.8 H$_z$ 的振荡。因此说明混跑车网系统中的 CRH5 型电力机车数量越多，整个系统的稳定裕度也会降低。因此，避免同时并网列车的数量过多或者列车种类单一将提升系统稳定。

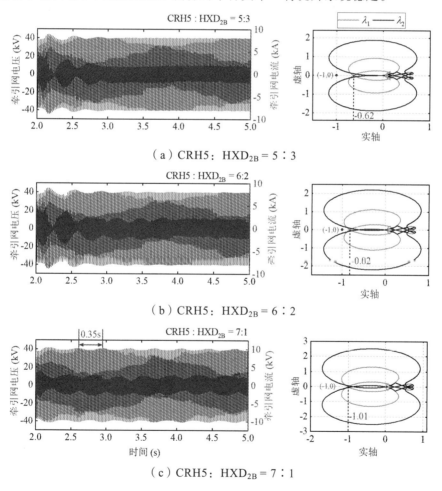

图 7-17　客货混跑比例变化时的仿真波形

7.3.2　车侧控制参数影响

调整列车控制参数会改变列车的阻抗特性，进而影响系统稳定性，因此可以通过调整参数进行低频振荡的抑制。

当投入 1 台 HXD$_{2B}$ 型货车和 7 台 CRH5 型客车时,将 CRH5 型列车电压环比例参数 K_{pvc} 由 0.6 减小至 0.4,奈奎斯特曲线与 x 轴的交点由原来的-1.01 变为-0.8,系统由原来的 2.8 Hz 振荡变为趋于稳定。进一步将 K_{pvc} 减小至 0.2,奈奎斯特曲线与 x 轴的交点变为-0.74,系统稳定性进一步提高,对应的仿真波形如图 7-18 所示,波形趋于平稳。仿真结果与理论分析结果一致,说明减小电压环 PI 的比例增益,客货混跑车网系统低频稳定性会有所提高。

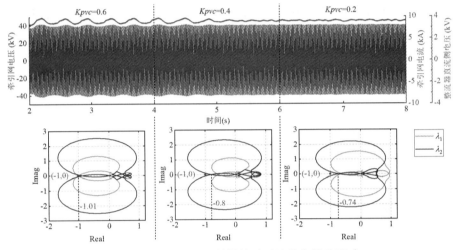

图 7-18　电压环 PI 比例增益对系统稳定性的影响

类似地,将 CRH5 型列车电流环比例参数 K_{pcc} 由 2 增加至 2.25,奈奎斯特曲线与 x 轴的交点由原来的-1.01 变为-0.84,系统由原来的存在 2.8 Hz 振荡变为趋于稳定。进一步将 K_{pcc} 增加至 2.7,奈奎斯特曲线与 x 轴的交点变为-0.66,系统稳定性进一步提高,对应的仿真波形如图 7-19 所示,波形趋于平稳。仿真结果与理论分析结果一致,说明增大电流环 PI 的比例增益,客货混跑车网系统低频稳定性会有所提高。

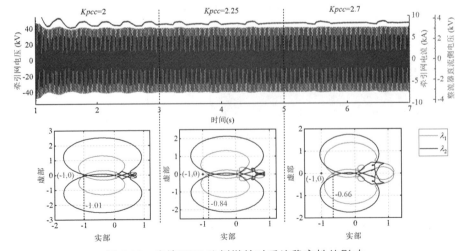

图 7-19　电流环 PI 比例增益对系统稳定性的影响

7.4 基于主导极点的车网级联系统低频稳定条件分析

7.4.1 基于主导极点的车网系统频域分析

车网级联闭环系统如图 7-20 所示。车网系统实际上是一个小信号多变量的闭环反馈系统，其输入信号是车载变压器高压侧的电压 $\Delta e_s(s)$，输出是列车的输入电流 $\Delta i_s(s)$，$Y_L(s)$ 是列车的小信号导纳模型。设线路上运行着 n 辆同种列车，且此列车的小信号导纳模型表示为 $Y_{in}(s)$，则 $Y_L(s)$ 可以表示为 $nY_{in}(s)$。例如当线路上运行的列车全是 CRH5 型动车组时，则 $Y_L(s)$ 可以表示为 $nY_{inCRH5}(s)$。同理，当线路上运行的列车全是 HXD_{2B} 型电力机车时，$Y_L(s)$ 表示为 $nY_{inHXD2B}(s)$。于是图 7-20 的车网级联系统闭环传递函数矩阵也可以表示为公式（7-66）。

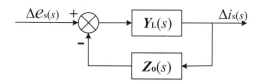

图 7-20　车网级联闭环系统框图

$$H_{ei}(s) = \frac{\Delta i_s(s)}{\Delta e_s(s)} = \frac{nY_{in}(s)}{I + nY_{in}(s) \cdot Z_o(s)} \qquad （7\text{-}66）$$

而对于传递函数为 $H_{ei}(s)$ 的 MIMO 系统，其极点和零点分别可以通过求解极点多项式 $p(s)$ 和零点多项式 $z(s)$ 等于 0 的根来获得。通过分析 2×2 的方阵，零极点多项式可以使用式（7-66）直接得到：

$$\frac{z(s)}{p(s)} = \det(H_{ei}) \qquad （7\text{-}67）$$

并且要使 MIMO 系统稳定，有如下定理：

当且仅当 $H_{ei}(s)$ 没有右半平面（Right Half Plane，RHP）极点时，$H_{ei}(s)$ 稳定。

而将上述定理应用至车网系统中，其稳定条件如下：

车网级联系统的开关传递函数矩阵 $G = I + nY_{in}(s)Z_o(s)$ 不存在 RHP 零点。

如利用主导极点对车网级联系统进行分析，则先要计算出系统闭环传递函数极点。闭环传递函数极点在复平面中离虚轴最近，并且其距离与其他极点相比都小 10 倍以上的极点，是最容易进入右半平面引起系统失稳的。于是将这对极容易引起系统不稳定的极点称为主导极点，其也是一对共轭极点。由于开环传递函数矩阵零点就对应着闭环传递函数极点。因此在车网系统中，为简化计算过程，可以将极点计算转化为零点计算。

由于这对主导极点可以表示为阻尼比 ζ 和自然振荡角频率 ω_n 的形式。为方便与振荡频率的单位 Hz 一起分析，于是将计算出的主导极点同比缩小（除以 2π），把主导极点表示为阻尼比 ζ 和单位为 Hz 的自然振荡频率 f_n 的表达式，如式（7-68）所示。并且在后面的分析中，采用下式定义的主导极点对车网系统进行低频稳定性分析。

$$r_{1,2} = -\xi f_n \pm f_n \sqrt{\xi^2 - 1} = -\xi f_n \pm \mathrm{j} f_n \sqrt{1 - \xi^2} \tag{7-68}$$

7.4.2 车网级联系统低频稳定条件

为简化分析过程，在本节的低频稳定性分析中，将从功率的角度对高海拔山区铁路牵引供电系统进行分析。首先假设网侧等效阻抗里只有电抗参数 X_0。然后将在线路上运行的所有列车都等效成为一个负载。那么可以得到如图 7-21 所示的简化后的车网级联系统示意图。

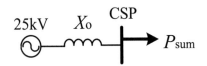

图 7-21 简化后的车网级联系统示意图

借用电力系统主干电网中的短路比（Short Circuit Ratio，SCR）的概念，将 SCR 定义为电源电抗 X_0 标幺值的倒数。则在车网级联系统中，标幺值的电压基准值取 25 kV。功率基准值取 2 个单相牵引所的额定容量 60 MVA，则 SCR 为：

$$SCR = \frac{25^2}{60 \times 2X_0} \tag{7-69}$$

当主导极点对应的阻尼比在 10^{-3} 的数量级时，系统就有进入临界稳定甚至不稳定状态的可能性。而在后面的分析中，以主导极点对应的阻尼比大于 0.01 时为标准，判定车网系统能保证低频稳定状态。在不同车辆（CRH5 型动车组和 HXD_{2B} 型电力机车）数目下，调节电源电抗 X_0，使得两种列车在单独运行时车网系统的主导极点对应的阻尼比刚好大于 0.01。然后代入公式（7-69），计算得到车网系统保持稳定时的最小稳定 SCR。

依据上述主导极点与 SCR 的理论，得到运行数量与系统稳定最小 SCR 的关系曲线如图 7-22 所示。

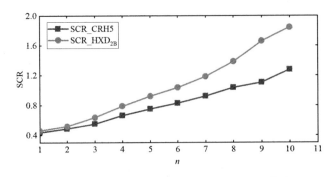

图 7-22 两种列车的车数 n 与 SCR 的关系曲线

由图 7-22 可知，系统最小稳定 SCR 和两种列车的车数 n 呈线性关系。拟合得到如式（7-70）所示的关系。

$$\left.\begin{aligned} SCR\_CRH5 &= 0.0582n + 0.3784 \quad (n \geq 1) \\ SCR\_HXD_{2B} &= 0.1712n + 0.2896 \quad (n \geq 1) \end{aligned}\right\} \quad (7\text{-}70)$$

SCR 在直线上方的区域取值时，车网系统可以保持稳定。若把 SCR 转化为 CSP 处的短路容量 S_{SC}，而运行的车辆数目 n 转化为所有列车的额定功率之和 P_{sum}，则可以定义两者的线性比例系数 μ 如式（7-71）所示。（CRH5 单车额定功率 5.5 MW，HXD$_{2B}$ 单车额定功率 9.6 MW）

$$\left.\begin{aligned} \mu_{CRH5} &= \frac{\Delta S_{SC}}{\Delta P_{sum}} = \frac{120}{5.5}\frac{\Delta SCR\_CRH5}{\Delta n} \\ \mu_{HXD_{2B}} &= \frac{\Delta S_{SC}}{\Delta P_{sum}} = \frac{120}{9.6}\frac{\Delta SCR\_HXD_{2B}}{\Delta n} \end{aligned}\right\} \quad (7\text{-}71)$$

图 7-22 中代表 CRH5 型动车组的直线斜率转换为 ΔS_{SC} 与 ΔP_{sum} 之比，等于 1.27；而代表 HXD$_{2B}$ 型机车的直线的斜率转换为 ΔS_{SC} 与 ΔP_{sum} 之比，等于 2.14。对于由 CRH5 型动车组与牵引网组成的车网系统而言，当 $\mu_{CRH5} \geq 1.27$ 时，车网系统处于稳定状态，且不会出现低频振荡。当 $\mu_{CRH5} < 1.27$ 时，车网系统可能会出现低频振荡甚至失去稳定性。对于 HXD$_{2B}$ 型电力机车与牵引网组成的车网系统而言，当 $\mu_{HXD2B} \geq 2.14$ 时，车网系统处于稳定状态，并且不会出现低频振荡；当 $\mu_{CRH5} < 2.14$ 时，车网系统可能会出现低频振荡甚至失去稳定性。由上述分析可以总结得出如下结论：对于任何一种运行的列车，总会存在一个临界的 μ_0，并且当这种型号的列车与牵引网组成的车网系统的 $\mu \geq \mu_0$ 时，车网级联系统能够保证其低频稳定性。对于由 CRH5 型动车组和 HXD$_{2B}$ 型电力机车形成的客货混跑车网系统来说，当 $\mu \geq 2.14$ 时，车网级联系统一定可以保持低频稳定性。

7.4.3 仿真验证

为验证图 7-22 中得到的两条曲线的准确性，在 MATLAB/Simulink 平台搭建仿真模型，对 $n=1$ 和 $n=5$ 进行仿真分析。当只接入一辆 CRH5 型动车组时，根据图 7-22 中 CRH5 车数与最小稳定 SCR 的关系曲线可知，此时车网系统的最小稳定 SCR 值为 0.437，相当于总的电源电抗 X_O 为 11.93 Ω，则换算为网侧电感 L_O 的最大值为 38 mH。因此在仿真中，将网侧等效电阻 R_O 设为 3.6 Ω、网侧等效电感 L_O 设为 40 mH 时，得到网侧电流电压波形如图 7-23 所示。由图可看出，此时车网系统发生 3 Hz 的低频振荡。

同理，当只接入一辆 HXD$_{2B}$ 型双机电力机车时，根据图 7-22 中 HXD$_2$ 车数与最小稳定 SCR 的关系曲线可知，此时的最小稳定 SCR 值为 0.461，相当于总的电源电抗 X_O 为 11.3Ω，换算为网侧电抗 L_O 最大值为 36 mH。因此在仿真中，将网侧等效电阻 R_O 设为 3.6 Ω、网侧等效电抗 L_0 设为 37 mH 时，得到网侧电流电压波形如图 7-24 所示。由图可看出，此时车网系统发生 3.5 Hz 的低频振荡。

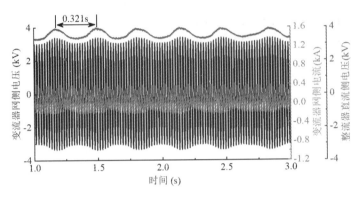

图 7-23   单辆 CRH5 运行时网侧电压电流波形

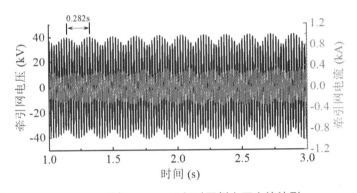

图 7-24   单辆 HXD_{2B} 运行时网侧电压电流波形

当同时接入 5 辆 CRH5 型动车组时，同样根据图 7-22 中 CRH5 车数与最小稳定 SCR 的关系曲线可知，此时的最小稳定 SCR 值为 0.754，相当于总的电源电抗 X_0 为 6.9 Ω，换算为网侧电感 L_0 最大值为 22 mH。因此在仿真中，将网侧等效电阻 R_0 设为 2.2 Ω、网侧等效电感 L_0 设为 25 mH 时，得到网侧电流电压波形如图 7-25 所示。由图可看出，此时车网系统发生 3 Hz 的低频振荡。

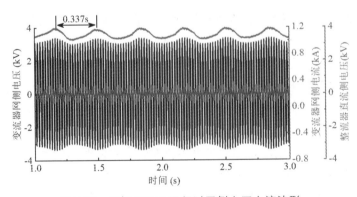

图 7-25   五辆 CRH5 运行时网侧电压电流波形

当同时接入 5 辆 HXD$_{2B}$ 型动车组时，同样根据图 7-22 中 HXD$_{2B}$ 车数与最小稳定 SCR 的关系曲线可知，此时的最小稳定 SCR 值为 0.922，相当于总的电源电抗 X_0 为 5.65 Ω，换算为网侧电感 L_0 最大值为 18 mH。因此在仿真中，将网侧等效电阻 R_0 设为 2.2 Ω、网侧等效电感 L_0 设为 19 mH 时，得到网侧电流电压波形如图 7-26 所示。由图可看出，此时车网系统发生 6.3 Hz 的低频振荡。

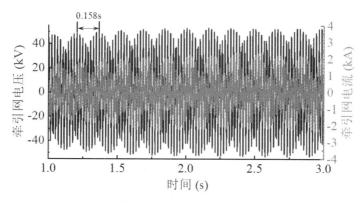

图 7-26　5 辆 HXD$_{2B}$ 运行时网侧电压电流波形

在本节的仿真验证中，只给出图 7-23～图 7-26 单辆和 5 辆列车各自接入时的仿真波形，以验证图 7-22 所得曲线的有效性。因此，为保证车网系统的稳定运行，需要根据图 7-22 给出的关系曲线设计牵引网阻抗和列车行车调度方式。

类似的，对于在铁路上运行的其他各类型号列车，也可以按照上述步骤，当每种列车在不同运行车数下，求得与牵引网构成的车网级联系统闭环传递函数矩阵的主导极点后，得到临界条件下的最大电源电抗 X_0 的值，由式（7-69）算出最小稳定 SCR 的值，得到相关曲线后再进行牵引网设计，以减小低频振荡现象发生的可能性。

7.5　本章小结

本章建立考虑牵引逆变系统的多车混跑下车网系统小信号阻抗模型，分析不同客货比例机车及不同机车控制参数对系统低频振荡的影响。利用主导极点理论分析车网系统低频稳定性条件，得到混跑列车运行数量与系统稳定最小短路比的关系曲线。基于理论分析和仿真实验模型验证所提方法的精确性和有效性，得到如下结论：

（1）所建立的逆变系统等效模型为整流器直流侧负载选取提供理论依据，使得车网系统低频振荡分析更为精确。

（2）客货混跑运行下车网系统的低频振荡分析结果表明：CRH5 型动车组数量的增加会导致低频振荡加剧。因此，与单种机车运行工况相比，多种类型机车混合运行系统更加稳定。

（3）主导极点理论下的系统低频振荡分析结果表明：按照给出的 SCR 与机车数量的约束曲线对行车调度进行设计，能使系统保持稳定。

【 第 8 章 】>>>>计及牵引负荷、大规模新能源储能综合灵活性的日前优化调度方法

8.1 引 言

为避免因源-荷波动造成高海拔山区铁路沿线电网灵活性不足的问题，本章提出一种考虑灵活性的分布鲁棒优化方法。首先，建立一个储能选址定容优化模型，需要考虑两个优化目标：一是储能设备的建设成本，主要包括储能系统全寿命周期的投资成本以及后期的维护成本；二是优化整个时段内系统潮流在支路上产生的有功损耗。其次，采用 Wasserstein 距离确立因源-荷波动引起的灵活性需求不确定集，并构建灵活性不足风险成本模型以耦合至目标函数，再结合灵活性机会约束，在模糊集内将灵活性越限概率限制在某一置信水平下，建立基于 Wasserstein 距离的分布鲁棒机会约束优化模型。然后，针对约束个数随着历史数据增加而增长造成的计算效率问题，提出一种基于共轭转换的分布鲁棒机会约束模型。对目标函数采用基于共轭函数的近似框架转换，对机会约束采用一种内逼近加松弛的方法近似处理。最后，对某高海拔山区铁路沿线电网进行仿真研究，验证本模型的正确性与有效性。

8.2 储能定容选址优化方法

8.2.1 储能定容选址优化模型

电网储能选址定容是一个受诸多因素影响的多目标优化问题。新能源大量接入电网后，将使其电能质量恶化。其中，电压波动问题愈加突出，并加剧系统负荷波动，而储能系统能够在一定程度上改善这些不利影响。同时由于储能系统的成本相对较高，在配置时其容量也是一个必须考虑的问题。因此，本章综合考虑储能系统接入后电网有功损耗以及储能系统的成本，选取以下 2 个指标作为目标函数。

1. 储能成本

储能系统除建设成本外，还包括维护成本，优化目标 f_1 计算公式为：

$$f_1 = C_E E_B \frac{r_s(1+r_s)^{N_Z}}{(1+r_s)^{N_Z}-1} + \sum_{t=1}^{T}[C_M(P_{C,T}+P_{D,t})\Delta t] \tag{8-1}$$

其中：E_B 为储能系统的建设总容量，C_E 为单位容量的成本，r_s 为折现率，N_Z 为储能系统运行年限。$P_{C,t}$、$P_{D,t}$ 分别为 t 时刻储能系统充放电功率（其值均为正），C_M 为储能系统运维成本单价，T 为采样总步长，Δt 为采样时间步长。

2. 网络有功损耗

电网有功损耗通过 Matlab 进行潮流计算，将全部有功出力减去负荷有功功率即为目标 f_2，可由电网总的输入功率 P_{Source} 和总的负荷需求功率 P_{Load} 之差表示出来。

$$f_2 = P_{\text{Source}} - P_{\text{Load}} \qquad (8\text{-}2)$$

在进行储能系统的选址定容时，不仅需要考虑系统的运行约束，也要考虑储能系统充放电能量平衡等。

（1）功率平衡约束，即：

$$P_{\text{s}} = \sum_{i=1}^{N_{\text{bus}}} P_{\text{load},i} + \sum_{l=1}^{L} P_{\text{loss},l} - \sum_{j=1}^{N_{\text{DG}}} P_{\text{DG},j} - \sum_{k=1}^{N_{\text{store}}} P_{\text{store},k} \qquad (8\text{-}3)$$

式（8-3）表示在每个时刻，系统的常规发电站有功功率输入量与系统的节点负荷功率、电网支路功率损耗、分布式电源出力和储能出力达到功率动态平衡。P_{s} 为电网输入功率，$P_{\text{load},i}$ 为某一时刻 i 节点的负荷功率，$P_{\text{GD},j}$ 为某一时刻第 j 个新能源发电站的出力，$P_{\text{store},k}$ 为某一时刻第 k 个储能系统的出力，储能放电时为正，N_{DG} 为新能源发电站接入的数量。

（2）储能功率约束，即：

$$P_{\text{store,min}} \leqslant P_{\text{store},k} \leqslant P_{\text{store,max}} \qquad (8\text{-}4)$$

式（8-4）中：$P_{\text{store, min}}$ 和 $P_{\text{store, max}}$ 分别表示储能在每个时刻出力的下限和上限。

（3）储能能量平衡约束，即：

$$\sum_{i=1}^{T} P_{\text{store}}(i)\Delta t = 0 \qquad (8\text{-}5)$$

8.2.2 储能定容选址优化模型求解方法

由前面所述可知，储能设备接入电网的定容选址优化问题是一个多目标优化问题，如果用 f_1 和 f_2 分别代表优化模型中的成本目标和有功损耗目标，则该系统多目标优化问题的数学抽象模型可以表达为：

$$\begin{aligned} &\min \quad (f_1(x), f_2(x)) \quad x \in S \\ &s.t. \quad G(x) \leqslant 0 \end{aligned} \qquad (8\text{-}6)$$

其中，x 是决策向量，包含优化模型中所有的决策变量。在实际模型中，由于在风电波动的时间尺度上划分间隔取决于采样间隔，所以决策向量 x 的维度也取决于考虑风电波动时的划分时段间隔。$x = (x_1, \cdots, x_n) \in S$，$S$ 为决策向量 x 的区间范围，其一般表达如式（8-7）所示：

$$L_i \leqslant x_i \leqslant U_i \quad 1 \leqslant i \leqslant n \qquad (8\text{-}7)$$

对于决策向量的区间范围约束，只需要在其超出区间范围时简单调整到区间范围之内即可。对于优化模型的系统约束 $G(x)$，目前基于进化计算的约束优化问题是将解的约束违反度作为惩罚项加入到目标函数中进行优化，而本部分可以直接通过调整处理解使其满足约束条件，对解的处理需要专门设计约束处理策略来调整进化算法求解过程中种群个体不满足系统约束的情况，下面将详细介绍约束处理策略。

相较于单目标优化问题可以很明显比较两个可行解的优劣性，因为每个解都只有一个目标函数值。在多目标优化问题中，对于两个不同的解 x_1 和 x_2，每个解都具有两个目标函数值 f_1 和 f_2，支配关系的概念通常用来度量两个多目标解的优劣性。下面给出关于支配关系的定义描述。

在多目标优化中，对于任意两个个体 x_1 和 x_2，若对于任意的 $k \in \{1,2\}$，都有 $f_k(x_1) \leqslant f_k(x_2)$。且 $\exists k \in \{1,2\}$，有 $f_k(x_1) < f_k(x_2)$，则称解 x_1 优于 x_2，记为 $x_1 \prec x_2$，也称 x_1 支配 x_2。这就保证优势解有一个目标严格优于劣势解，并且另一个目标不比劣势解差。如果在两个解 x_1 和 x_2 中不存在这种支配关系（即 x_1 不支配 x_2，x_2 也不支配 x_1），则 x_1 和 x_2 是一种互不支配的关系。图 8-1（a）表示解 x_1 支配 x_2 的情形，图 8-1（b）表示两个解互不支配的情形。

在多目标优化问题中引入支配关系后，最后所求的解也不是一个单独的最优解，而是一组被称为帕累托前沿的非支配解。以式（8-1）所示多目标优化问题为例，采用多目标进化算法求解，最终所求得的一组解如图 8-2 所示。

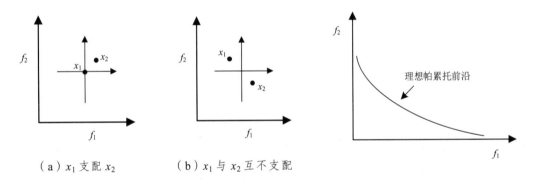

（a）x_1 支配 x_2 （b）x_1 与 x_2 互不支配

图 8-1　个体间的支配关系图   图 8-2　帕累托前沿示意图

采用进化求解多目标优化问题的目标，是找到一组解近似优化问题的理论最优前沿。进化算法属于一种随机搜索算法，其核心手段是采用大量个体去搜索整个优化问题的可行域，通过不断迭代进化来改善自身目标值，不断逼近阵势理论最优帕累托前沿。常用的进化算子有遗传、粒子群和差分进化等方式。由于储能定容选址优化变量维度高，本章采用粒子群进化策略来提高算法寻优收敛速度。

采用粒子群多目标优化算法求解储能设备定容选址优化问题时，主要算法实现策略是编码、迭代更新、非支配排序和拥挤距离计算。其中，只有迭代更新策略是结合粒子群优化算法的相关理论，其他策略是多目标优化算法框架的固有策略。本章结合约束调整策略的粒子群多目标优化算法的步骤如表 8-1 所示。

表 8-1　多目标粒子群优化算法

输入：种群大小 n，惯性系数 w_1，w_2 以及电网数据和发电侧、负荷侧相关功率数据
1. $t = 0$，初始化一个种群 P。
2. 使用 matpower，根据各节点已知有功潮流数据，计算支路潮流分布以及电网有功损耗，通过某一个大型水力发电站实现电网功率平衡。
3. 计算出的有功损耗为其中一个目标函数值，另一个目标函数值为储能设备成本。
4. 更新历史最优位置以及历史最优位置处的适应度值。
5. 对种群进行帕累托排序，在第 0 层最优的互不支配解的前 20% 拥挤度个体中，随机选取一个作为种群全局最优位置。
6. 将帕累托排序第 0 层所有粒子与外部存档进行支配关系比较，剔除 archive 中被支配的个体并将最新一代种群中的第 0 层个体非支配解加入 archive 中。Archive 外部存档用来存储进化过程中的最优帕累托前沿。
7. $t = t+1$。如果达到算法结束条件则停止，否则返回第 2 步。
输出：最优帕累托前沿存档 archive。

基于粒子群进化策略的多目标优化算法各主要策略的详细实现过程如下：

针对决策变量的编码问题。决策变量主要由三部分构成，即储能的建设地址节点、储能容量以及储能各个时刻的充放电功率量。而选址策略是一个固定整数形式，其可选范围是除平衡节点外的所有节点。本节内容是一个 47 节点系统，由于平衡节点设置在发电功率输出最大的一个水电站即 4 号节点，所以有 46 个可选节点。在初始化种群时，随机生成的选址解是[1, 46]之间的随机数，使用 Matlab 函数 round() 进行四舍五入可得到[1, 46]之间的整数解，不小于 4 号节点的选址解应该统一加 1 以将所有的选址解调整到[1, 3] ⊔ [5, 47]上，利用 matpower 进行潮流计算。在种群粒子更新时，为方便使用矩阵计算，应该将两段集合的并集映射到一个连续集合再进行种群个体的更新，更新之后再展开为实际的选址解，上述即为处理选址区间范围为整数且不连续情形的处理策略。

确定种群个体编码方式之后，进化算法的核心是个体迭代进化。随机搜索群体优化算法，依靠个体不断进化来搜索更优的解，个体在优化算法中承担着探索最优解的功能，而整体种群则扮演着开发更多可能潜在的局部最优位置的功能，平衡智能优化算法的开发和探索能力是提高群体寻优性能的关键手段。多目标粒子群优化算法依靠种群全局最优解和个体的历史最优解指导粒子的更新，其更新策略如式（8-8）所示。

$$
\left.\begin{aligned}
v_{id}^{k+1} &= wv_{id}^k + c_1 r_1(p_{id}^k - x_{id}^k) + c_1 r_1(g_d^k - x_{id}^k) \\
x_{id}^{k+1} &= x_{id}^k + v_{id}^{k+1}
\end{aligned}\right\}
\tag{8-8}
$$

其中：v_{id}^k 为粒子上一代的速度，v_{id}^{k+1} 为最新一代粒子更新后的速度，w 为粒子自身速度的惯性系数，wv_{id}^{k+1} 则为粒子上一代速度的惯性量对速度更新策略的贡献量，另外两个贡献量依赖于种群全局最优 g_d^k 个体最优 p_{id}^k。

在原始的粒子群优化算法和多目标粒子群优化算法中,粒子自身速度的惯性系数 w 为一个常数,不依赖于迭代次数而改变。然而,在 PSO 算法中,惯性权重 w 的取值对其收敛性能有重要影响。常用的 w 取值方法随着迭代次数的递增而线性或非线性递减,没有考虑迭代过程中粒子的特性,w 的取值缺乏指导。粒子位置向量与种群全局最优解的差值,可以体现粒子与种群最优粒子的差距程度。当其值较大时,表示当前粒子与种群最优粒子差距较大,此时 w 的取值也应较大,使得该粒子具有较好的全局搜索能力;而当其值较小时,则表示其与种群最优粒子差距较小,此时应使其具有较好的局部搜索能力,w 的取值也应较小。本章以粒子与种群最优粒子的差距程度作为指导来进行 w 的取值,随着差距程度的不同非线性地调整 w 的大小,第 i 个粒子在 k 时刻与种群全局最优解的差值 X_i^k 可通过式(8-9)计算。

$$\left.\begin{array}{l} X_i^k = \dfrac{1}{x_{\max} - x_{\min}} \dfrac{1}{D} \sum_{d=1}^{D} \left| g_d^k - x_{id}^k \right| \\[3mm] w_i^k = w_{\text{start}} - (w_{\text{start}} - w_{\text{end}})(X_i^k - 1)^2 \end{array}\right\} \qquad (8\text{-}9)$$

其中:D 为解空间维数,w_i^k 为第 i 个粒子在 k 时刻的惯性权重,w_{start} 和 w_{end} 分别为 w 的初始值和结束值,需要在算法运行之前预先给定,在本节中,经过多次调试代码提供的一组参考值为 0.9、0.4。

确定种群个体更新方式,在每一次进行种群更新计算后,需要将搜索到的优秀个体存入外部存档之中,才可以在外部存档 archive 中选择全局最优来指导种群个体更新。不同于单目标个体的优劣性比较,在每一代种群中,都存在着一组个体互不支配,并且其中每一个都不被种群中任意一个个体支配,称这组个体为帕累托解。在进行多目标求解时,每次迭代后都要对非劣解集进行更新。为保持 Pareto 解集的规模以及解分布的均匀性,需要对 Pareto 解"择优"选取。

在多目标优化算法中,支配关系可以用来度量两个解的优劣性。但是对于互不支配的解,则可以用其拥挤距离来衡量互不支配的解集中每一个个体的优劣性,拥挤距离可以表征粒子与其周围粒子的拥挤程度,用来描述解的均匀性,如图 8-3 所示。

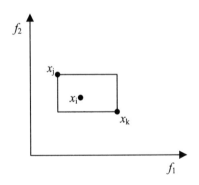

图 8-3　粒子密集距离计算

图 8-3 中代表的是双目标优化算法中的密集距离，若其两个目标分别为 f_1、f_2，则粒子 x_i 的密集距离可由其左右两个粒子计算得出，如式（8-10）所示。

$$I(x_i) = \frac{|f_1(x_j) - f_1(x_k)|}{f_1^{\max} - f_1^{\min}} + \frac{|f_2(x_j) - f_2(x_k)|}{f_2^{\max} - f_2^{\min}} S \qquad （8-10）$$

其中，x_j 和 x_k 是距离 x_i 最近可围成矩形包围 x_i 的两个点。粒子 x_i 的拥挤距离可以用矩形的周长来表示。由于个体在每个目标上的适应度数量级不同，所以需要对每个目标上的适应度进行归一化。取矩形两条相交边之和为个体的拥挤距离，通过计算拥挤距离可以表征粒子周围空间的密集度。另外需要考虑的是在二维平面上，所有的非支配解必将存在两个边缘个体，由于边缘以外还存在需要探索的区域，所以必须将两个边缘个体添加到外部存档中以指导劣势个体进化。通过在进化过程中选取拥挤度比较低的个体进入下一代，可以提高种群的分布性和多样性，以便能够提高种群开发新的局部空间能力。传统的选取密集距离大的个体是按照排序来选择，求解各 Pareto 解的密集距离之后，按密集距离从大到小进行排序，进一步展开筛选。常用的方法是按排序依次选取密集距离较大的 N 个解。这种方法虽然计算速度较快，每次迭代过程仅需计算一次 Pareto 解的密集距离，但极易造成所选 Pareto 解的多样性和均匀性较差。本章采用"逐一去除"法进行非劣解的更新，即按密集距离排序后，去除密集距离最小的解，再计算剩余 Pareto 解的密集距离，按密集距离排序后再去除密集距离最小的解，循环计算，直至剩余 Pareto 解的个数为 N。

上述算法流程中有一个重要的数据结构外部存档 archive，当种群进入第一代时，archive 直接存储第一代种群中所有的非支配解，在后面每次对种群进行更新后，都需要将每代种群中的非支配个体与 archive 中存储的个体进行比较，archive 中被支配的个体将会被踢除，而新的非支配个体会被加入 archive 中，所以每次在种群进行更新时，全局最优个体是从外部存档 archive 中的前 20% 拥挤距离个体中随机抽取一个来作为全局最优个体，以指导其他个体进行速度更新。

8.2.3 储能定容选址优化结果

该部分的高海拔山区铁路沿线电网结构如图 8-4 所示，总共有 47 个节点，其中包含 3 个新能源发电站接入节点，16 个常规水力发电站，需要在此电网系统接入 5 个储能设备以应对风力发电机对电网的冲击，以储能建设成本和电网有功损耗为优化目标，选择最佳的位置安装储能设备并确定其最优容量配置。本章向电网接入 5 台储能设备，储能容量和充放电功率分别在[80, 500]和[-60, 60]范围内，决策变量维度还取决于风电功率所考虑的时段数，即考虑的时间尺度。本节使用设计的多目标粒子群优化算法，求解风电波动分别在 30 min、15 min 和 5 min 三个时间尺度上的系统优化问题，以检验算法在更高维度上的求解能力。

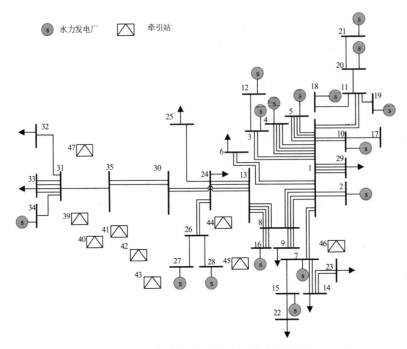

图 8-4　某高海拔山区铁路沿线电网结构

本章的风电功率采集数据是 12 h 的 144 个采样点，时间尺度为 5 min 一个点。为分析不同采样间隔对结果的影响，对原始风电功率采样数据进行再抽样，以分别构成 30 min、15 min 和 5 min 的采样间隔数据。在不同尺度上的风电波动情形，多目标粒子群求解的双目标帕累托前沿结果如图 8-5~图 8-7 所示。

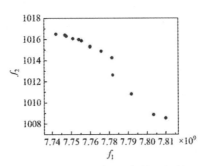

图 8-5　30 min 时间尺度帕累托前沿

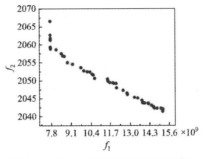

图 8-6　15 min 时间尺度帕累托前沿

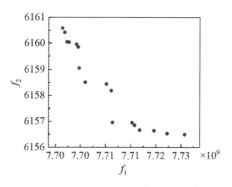

图 8-7　5 min 时间尺度帕累托前沿

从以上三个时间尺度求解的帕累托前沿结果图可知，在考虑不同风电波动的时间尺度时，所求解的结果是不一样的。因为更小的时间尺度能反映出更多的有效信息，所以其求解的结果也更接近实际情况。

多目标帕累托前沿为决策者提供一个参考，具体采用哪一个决策需要根据实际情况赋予每个目标一个权重。如果每个目标权重为 0.5，则 5 台储能设备按编号在选址和容量的优化结果如表 8-2 所示。

表 8-2　5 个储能设备定容选址优化结果

编号	选址					容量				
	1	2	3	4	5	1	2	3	4	5
30 分钟	7	3	1	47	31	80	80	80	80	80
15 分钟	5	36	46	1	29	93.87	287.40	80	80	80
5 分钟	1	9	46	1	1	80	80	80	80	80

从表 8-1 的优化结果可以看出，在不同的风电功率采样时间间隔上，多目标粒子群优化算法都能够对储能的定容选址以及充放电功率进行优化以取得较好的结果。由于使用不同采样时间间隔的风电数据接入电网，导致原始风电功率数据特征有所丢失，所以三个时间尺度上的优化结果也有所不同。由于 1 号节点周围接入发电厂和牵引站等大量其他电力系统设施，储能设备对 1 号节点进行充放可以改变电网潮流和支路有功损耗，从而解决风电功率短时快速变化对电网产生的冲击影响。因此，无论将哪一个时间间隔采样的风电数据接入储能选址定容优化模型中，都会将 1 号节点作为备选节点接入储能设备。在考虑 5 min 短时间隔采样数据时，风电功率短时变化对电力系统带来更大的影响，导致 1 号节点需要更大容量的储能设备通过充放功率来应对冲击。由于本系统的电网支路能承受的潮流较大，远距离输电不会导致线路潮流越限，所以无需很大的储能容量来满足负荷功率短缺的情况。因此，算法尽可能优化成本函数，寻找到的储能容量大小都是比较小的，不会浪费大量储能设备的容量。

8.3 考虑高海拔山区铁路沿线电网灵活性的分布鲁棒优化方法

8.3.1 灵活性不足风险成本模型

1. 某高海拔山区铁路沿线电网灵活性需求分析

由第 2 章高铁负荷模拟结果可知，该线路负荷不仅具有较强的冲击性和随机波动性，还存在和常规线路负荷不同的频繁、大幅值的再生制动功率，因此接入沿线电网后负荷端的波动性变大，其负荷曲线如图 8-8 所示。此外，该高海拔山区铁路沿线电网还伴随着大规模可再生能源并网运行，如图 4-7 所示。由图可知，该系统包含 3 个新能源并网点，总装机容量为 1620 WM，其风电预测值如图 8-8 风电出力曲线所示。在大容量的新能源并网运行与高铁负荷的共同影响下，该沿线电网的源-荷波动性与不确定性加剧。为更好地表征系统中新能源发电功率与负荷功率的叠加效应，可以通过净负荷来表示：

$$P_{\mathrm{NL}}^{t} = \sum_{i \in \mathrm{L}} P_{\mathrm{L},i}^{t} + \sum_{i \in \mathrm{G}} P_{\mathrm{G},i}^{t} - \sum_{i \in \mathrm{W}} P_{\mathrm{W},i}^{t} \tag{8-11}$$

式中：$P_{\mathrm{L},i}^{t}$、$P_{\mathrm{W},i}^{t}$ 分别表示系统 t 时刻的常规负荷功率和风电功率；P_{NL}^{t} 为系统 t 时刻的净负荷功率。

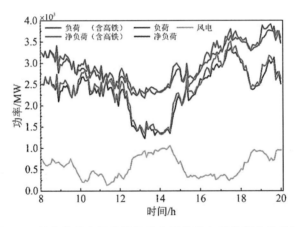

图 8-8 某高海拔山区铁路沿线电网负荷与净负荷变化曲线

由净负荷变化曲线可知，净负荷呈现出峰-谷-峰变化趋势，并在幅度上出现剧烈的波动。尤其在高铁负荷接入后，净负荷的波动幅度和波动频率增大，系统灵活性需求增加。此外，能够可靠发电的水电、火电分布较为集中，且多用以外送。节点 29 和节点 9 为外送负荷，占总负荷的 90% 左右。除去外送负荷后，铁路负荷在该地区占比较大，占比 25% 左右。此时，如果系统灵活性调节能力不足，将难以响应净负荷的快速变化，会面临弃风与失负荷风险。因此，有必要考虑该系统灵活性不足问题，在系统中配置一定的储能、可控负荷等资源，并协调优化各类灵活性资源，保障系统经济安全运行。

系统的灵活性需求通常是根据净负荷的波动及其预测误差预先设定的，本章为反映净负荷的不确定变化，将电力系统灵活性需求表示为：

$$F_N^t = (\overline{P}_{NL}^{t+\tau} - \overline{P}_{NL}^t) + (e_{LW}^{t+\tau} - e_{LW}^t) = \overline{F}_N^t + \xi \tag{8-12}$$

式中：τ 为采样时间间隔；$\overline{P}_{NL}^{t+\tau}$、$\overline{P}_{NL}^t$ 分别为系统 $t+\tau$、t 时刻的净负荷功率预测值，二者的差值即为 t 时刻灵活性需求预测值 $\overline{F}_N^t$；$e_{LW}^{t+\tau}$、e_{LW}^t 分别为系统 $t+\tau$、t 时刻的净负荷功率预测误差，其值应为风电功率预测误差与负荷功率预测误差的差值，$\xi = (e_{LW}^{t+\tau} - e_{LW}^t)$ 为随机变量，表征灵活性需求预测误差。

2. 基于 Wasserstein 距离的灵活性需求不确定集

由前述可知，电力系统灵活性需求为随机变量，针对灵活性需求的不确定性，通常的做法是建立灵活性需求概率模型。然而，建立的概率模型不能完全反映系统真实的波动，故本章采用数据驱动的方式构建不确定集。灵活性需求预测误差的真实分布 P 是模糊的，但可以根据历史数据获取随机性样本 $\{\hat{\xi}_1, \hat{\xi}_2, \cdots, \hat{\xi}_N\}$，因此经验分布 $\hat{P}_N = \frac{1}{N}\sum_{i=1}^{N}\delta_{\hat{\xi}_i}$ 可以被视为真实分布 P 的估计，其中 $\delta_{\hat{\xi}_N}$ 为 $\hat{\xi}_N$ 的狄拉克测度。为更加准确地度量 P 与 $\hat{P}_N$ 之间的距离，采用 Wasserstein 距离衡量任意 2 个概率分布之间的距离，定义为：

$$W(P_1, P_2) = \inf_{\pi}(\int |||\xi_1 - \xi_2|||\pi(d\xi_1, d\xi)) \tag{8-13}$$

式中：$\pi(d\xi_1, d\xi_2)$ 为 $d\xi_1$ 与 $d\xi$ 的联合概率分布；$d\xi_1$、$d\xi_2$ 分别表示 P_1、P_2 的边缘分布。$|||\xi_1 - \xi_2|||$ 为欧式范数；在分布鲁棒优化问题中，因 1-范数有良好的数值可处理性，故使用 1-范数。基于 Wasserstein 距离构建的灵活性需求不确定集如下：

$$D = \{P \in \Re(\Xi)\,|\,W(P, \hat{P}_N) \leqslant \varepsilon(N)\} \tag{8-14}$$

由式（8-14）可见，该不确定性集是以 $\varepsilon(N)$ 为半径、以经验分布 $\hat{P}_N$ 为中心的 Wasserstein 球，其中 $\Re(\Xi)$ 表示可行集 Ξ 中所有满足 $E_P[\|\xi_1 - \xi_2\|] < \infty$ 的概率分布的集合。半径 $\varepsilon(N)$ 对基于 Wasserstein 距离的分布鲁棒模型具有重要影响。半径越大，不确定集合包含的概率分布越多，优化结果越保守。半径 $\varepsilon(N)$ 可以通过求解以下问题来确定：

$$\varepsilon(N) \approx 2\min_{\sigma>0}\left\{\frac{1}{2\sigma}\left(1 + \ln\left(\frac{1}{N}\sum_{i=1}^{N}e^{\rho\|\xi_i - \mu\|^2}\right)\right)\right\}^{\frac{1}{2}} \cdot \sqrt{\frac{1}{N}\lg\left(\frac{1}{1-\chi}\right)} \tag{8-15}$$

式中：χ 为置信水平；μ 为样本均值；σ、ρ 分别为辅助变量。

3. 灵活性不足风险成本

灵活性需求中含有的可再生能源出力预测误差和负荷预测误差将会在一定范围内随机波动，易造成系统灵活性供需难以匹配。如图 8-9 所示，当灵活性需求向上波动的范围超出系统配置的上调灵活性供给时，就会出现切负荷风险，反之则会出现弃风风险。为定量评估灵活性需求不确定性对系统造成的潜在风险，引入灵活性不足惩罚成本量化灵活性缺额，具体形式如下：

$$
\left.
\begin{aligned}
f_{\text{risk\_l}} &= \sum_{t\in T}\delta_l\Delta F_{\text{up}}^t, \quad \Delta F_{\text{up}}^t \geqslant 0 \\
f_{\text{risk\_w}} &= \sum_{t\in T}\delta_w\Delta F_{\text{dn}}^t, \quad \Delta F_{\text{dn}}^t \geqslant 0 \\
\min f_{\text{risk}} &= (f_{\text{risk\_l}} + f_{\text{risk\_w}})
\end{aligned}
\right\}
\tag{8-16}
$$

式中：$f_{\text{risk\_l}}$ 为上调灵活性不足构成的切负荷风险成本；$f_{\text{risk\_w}}$ 为下调灵活性不足构成的弃风风险成本；其二者共同构成灵活性不足风险成本 f_{risk}；δ_w、δ_l 分别为弃风、切负荷风险成本系数；ΔF_{up}^t、ΔF_{dn}^t 分别表示灵活性存在缺额时上、下调灵活性需求与上、下调灵活性供给的偏差量。

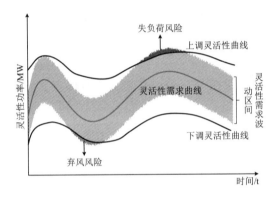

图 8-9　灵活性平衡原理示意图

以灵活性供给与灵活性需求不确定集区间关系为例，进一步说明 ΔF_{up}^t 的物理意义。当上调灵活性供给大于灵活性需求随机变量不确定集时，$\Delta F_{\text{up}}^t = 0$ 表示上调灵活性充足，如图 8-10（a）所示；当上调灵活性供给小于灵活性需求随机变量不确定集时，$\Delta F_{\text{up}}^t>0$ 表示上调灵活性不足，如图 8-10（b）所示。图中蓝色斜线面积的大小即为灵活性偏差量 ΔF_{up}^t；ΔF_{dn}^t 与 ΔF_{up}^t 分析类似，在此不再做说明。

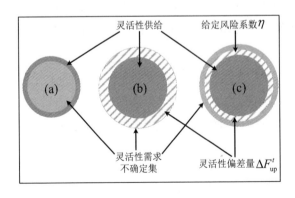

图 8-10　灵活性供给与灵活性需求不确定集区间示意图

8.3.2 考虑灵活性的分布鲁棒机会约束优化模型

本节以系统各灵活性资源运行成本和灵活性不足风险成本最小为目标，并考虑灵活性约束，构建基于 Wasserstein 距离的分布鲁棒机会约束优化模型。在所有可能的概率分布下满足灵活性需求，协同优化火电机组、水电机组、可控负荷和储能的实时功率，保证系统可靠经济运行。

1. 目标函数

考虑灵活性的电力系统多源分布鲁棒模型的优化目标包括最小化火电机组运行成本 f_g、水电机组运行成本 f_h、可控负荷调节成本 f_{dr}、储能运行成本 f_s 和极端分布下灵活性不足风险成本 f_{risk}。

$$\min_{x \in X} \sup_{P \in D} E_P \left\{ f_g(x) + f_h(x) + f_{dr}(x) + f_s(x) + f_{risk}(x, \xi) \right\} \tag{8-17}$$

其中，

$$
\left.
\begin{aligned}
f_g &= \sum_{t \in T} \sum_{i \in g} a_{g,i} (P_{g,i}^t)^2 + b_{g,i} P_{g,i}^t + c_{g,i} \\
f_h &= \sum_{t \in T} \sum_{i \in h} c_{h,i} P_{h,i}^t \\
f_{dr} &= \sum_{t \in T} \sum_{i \in dr} c_{dr,i} P_{dr,i}^t \\
f_s &= \sum_{t \in T} \sum_{i \in s} c_{ess,i} P_{c,i}^t \tau / (m_{ess,i} P_{sn,i})
\end{aligned}
\right\} \tag{8-18}
$$

式中：$a_{g,i}$、$b_{g,i}$、$c_{g,i}$ 为火电机组 i 的煤耗系数，$P_{g,i}^t$ 为 t 时刻火电机组 i 的出力；$c_{h,i}$ 为水电机组 i 的单位出力成本，$P_{h,i}^t$ 为 t 时刻水电机组 i 的出力；$c_{dr,i}$ 为可控负荷 i 的单位功率响应成本，$P_{dr,i}^t$ 为 t 时刻可控负荷 i 的响应功率；$c_{ess,i}$、$m_{ess,i}$ 分别为节点 i 储能配置的购置成本、充放电循环寿命次数，$P_{sn,i}$、$P_{c,i}^t$ 分别节点 i 储能配置的额定容量、t 时刻的充电功率；T 为调度周期内总时段个数；x 为各决策变量，可以通过仿射规则调整。

2. 基本运行约束

为保证电网基本的可靠运行，在优化过程中需要对电网运行条件和电源实际运行特性进行约束。

1）功率平衡约束

$$\sum_{i \in g} P_{g,i}^t + \sum_{i \in h} P_{h,i}^t + \sum_{i \in s} P_{s,i}^t = \sum_{i \in dr} P_{dr,i}^t + P_{NL}^t \tag{8-19}$$

2）常规机组约束

①火电机组约束：

$$
\left.
\begin{aligned}
&P_{g,i}^{\min} \leqslant P_{g,i}^t \leqslant P_{g,i}^{\max} \\
&\Delta P_{g,i}^t = P_{g,i}^t - P_{g,i}^{t-\tau} \\
&\Delta P_{g,i}^t \leqslant R_{g,i}^{up} \tau, \quad \Delta P_{g,i}^t \geqslant 0 \\
&|\Delta P_{g,i}^t| \leqslant R_{g,i}^{dn} \tau, \quad \Delta P_{g,i}^t \leqslant 0
\end{aligned}
\right\} \tag{8-20}
$$

②水电机组约束：

$$
\left.\begin{array}{l}
P_{\mathrm{h},i}^{\min} \leqslant P_{\mathrm{h},i}^{t} \leqslant P_{\mathrm{h},i}^{\max} \\[4pt]
P_{\mathrm{h},i}^{t} = \chi_{\mathrm{h},i} Q_{\mathrm{h},i}^{t} h_{i}^{t} \\[4pt]
V^{\min} \leqslant \sum_{t \in T} \sum_{i \in \mathrm{h}} Q_{\mathrm{h},i}^{t} \leqslant V^{\max} \\[4pt]
\chi_{\mathrm{h},i} Q_{\mathrm{h},i}^{t+\tau} h_{i}^{t+\tau} - \chi_{\mathrm{h},i} Q_{\mathrm{h},i}^{t} h_{i}^{t} \leqslant R_{\mathrm{h},i}^{\mathrm{up}} \tau \\[4pt]
\chi_{\mathrm{h},i} Q_{\mathrm{h},i}^{t} h_{i}^{t} - \chi_{\mathrm{h},i} Q_{\mathrm{h},i}^{t+\tau} h_{i}^{t+\tau} \leqslant R_{\mathrm{h},i}^{\mathrm{dn}} \tau
\end{array}\right\}
\tag{8-21}
$$

式中：$P_{\mathrm{g},i}^{\max}$、$P_{\mathrm{g},i}^{\min}$ 和 $P_{\mathrm{h},i}^{\max}$、$P_{\mathrm{h},i}^{\min}$ 分别为 t 时段火电机组 i 和水电机组 i 的出力上、下限；$R_{\mathrm{g},i}^{\mathrm{up}}$、$R_{\mathrm{g},i}^{\mathrm{dn}}$ 和 $R_{\mathrm{h},i}^{\mathrm{up}}$、$R_{\mathrm{h},i}^{\mathrm{dn}}$ 分别为火电机组 i 和水电机组 i 的上、下爬坡速率；$\Delta P_{\mathrm{g},i}^{t}$ 为第 i 个火电机组第 t 时刻与第 t-τ 时刻的功率差值；$\chi_{\mathrm{h},i}$、$Q_{\mathrm{h},i}^{t}$、h_{i}^{t} 分别为 t 时刻水电机组 i 的出力系数、发电流量和净水头；$V^{\max}$、$V^{\min}$ 为当日最大、最小可用发水电量。

3）储能运行约束

①时序运行约束：

$$
E_{\mathrm{ess},i}^{t+\tau} = E_{\mathrm{ess},i}^{t} + \left(\eta_{\mathrm{c},i} P_{\mathrm{c},i}^{t} - \frac{P_{\mathrm{dc},i}^{t}}{\eta_{\mathrm{dc},i}} \right) \cdot \tau
\tag{8-22}
$$

$$
E_{\mathrm{ess},i}^{0} = E_{\mathrm{ess},i}^{T}
\tag{8-23}
$$

②充放电功率与状态约束：

$$
\left.\begin{array}{l}
0 \leqslant P_{\mathrm{c},i}^{t} \leqslant \alpha_{\mathrm{c},i}^{t} P_{\mathrm{c},i}^{\max} \\[4pt]
0 \leqslant P_{\mathrm{dc},i}^{t} \leqslant \alpha_{\mathrm{dc},i}^{t} P_{\mathrm{dc},i}^{\max}
\end{array}\right\}
\tag{8-24}
$$

$$
P_{\mathrm{s},i}^{t} = P_{\mathrm{dc},i}^{t} - P_{\mathrm{c},i}^{t}
\tag{8-25}
$$

$$
\alpha_{\mathrm{c},i}^{t} + \alpha_{\mathrm{dc},i}^{t} \leqslant 1
\tag{8-26}
$$

③荷电状态约束：

$$
E_{\mathrm{ess},i}^{\min} \leqslant E_{\mathrm{ess},i}^{t} \leqslant E_{\mathrm{ess},i}^{\max}
\tag{8-27}
$$

式中：$P_{\mathrm{s},i}^{t}$ 为 t 时刻储能 i 的出力；$P_{\mathrm{dc},i}^{t}$ 为 t 时段储能 i 的放电功率；$P_{\mathrm{c},i}^{\max}$、$P_{\mathrm{dc},i}^{\max}$ 分别为储能 i 的最大充电、放电功率；$E_{\mathrm{ess},i}^{t}$ 为 t 时刻储能 i 的电量值；$E_{\mathrm{ess},i}^{\max}$、$E_{\mathrm{ess},i}^{\min}$ 分别为储能 i 存储容量上、下限；$\eta_{\mathrm{c},i}$、$\eta_{\mathrm{dc},i}$ 分别为储能 i 的充电、放电效率；$\alpha_{\mathrm{c},i}^{t}$、$\alpha_{\mathrm{dc},i}^{t}$ 分别为 t 时段储能 i 表征充、放电状态 0-1 变量；$E_{\mathrm{ess},i}^{0}$、$E_{\mathrm{ess},i}^{T}$ 分别表示储能荷电状态初始值与终止值。

4）可控负荷约束

$$
0 \leqslant P_{\mathrm{dr},i}^{t} \leqslant u_{\mathrm{dr},i}^{t} \cdot P_{\mathrm{dr},i}^{\max}
\tag{8-28}
$$

$$
0 \leqslant \sum_{t=1}^{T} u_{\mathrm{dr},i}^{t} (1 - u_{\mathrm{dr},i}^{t-\tau}) \leqslant N_{\mathrm{dr},i}^{\max}
\tag{8-29}
$$

$$0 \leqslant T_{\mathrm{dr},i} \leqslant T_{\mathrm{dr},i}^{\max} \tag{8-30}$$

式中：$u_{\mathrm{dr},i}^{t}$ 表示 t 时刻可控负荷 i 的运行状态（为 0-1 变量）；$T_{\mathrm{dr},i}$ 表示可控负荷 i 每次中断的持续时间；$N_{\mathrm{dr}}^{\max}$ 表示可控负荷 i 最大可连续中断次数；$P_{\mathrm{dr}}^{\max}$ 表示可控负荷 i 的最大可中断量；$T_{\mathrm{dr},i}^{\max}$ 分别表示可控负荷 i 最大可中断时间。

3. 灵活性机会约束

灵活性约束是指通过设置某一风险系数，使灵活性供给在一定概率下不满足灵活性需求，避免系统灵活性出现较大偏差，以兼顾灵活性需求与实际运行成本。通过 Wasserstein 距离构建的灵活性需求不确定集，结合分布鲁棒机会约束理论，建立灵活性机会约束模型，在模糊集 D 内将灵活性约束在风险系数 η 下。

$$\begin{cases} \inf_{P \in D} P_r(\overline{F}_{\mathrm{N}}^{t} + \xi \leqslant F_{\mathrm{up}}^{t}) \geqslant 1 - \eta \\ \inf_{P \in D} P_r(\overline{F}_{\mathrm{N}}^{t} + \xi \geqslant -F_{\mathrm{dn}}^{t}) \geqslant 1 - \eta \end{cases} \tag{8-31}$$

式中：F_{up}^{t}、F_{du}^{t} 分别为 t 时刻系统上、下调灵活性供给。

8.3.3 模型转化与求解

模型中的原分布鲁棒问题模糊集 D 包含在可行集 $\varXi$ 上所有的狄拉克分布，处理具有 Wasserstein 模糊集的 DRCC 问题是 NP 难的。虽然经过变换后可以求解，但得出的对等模型计算效率不高。本节提出一种基于共轭转换的分布鲁棒机会约束模型。针对目标函数中的不确定变量，采用基于共轭函数的近似框架；针对机会约束中的不确定变量采用一种内逼近加松弛的方法；将该模型转化为可处理的优化问题，并降低约束个数，使其具有较好的计算效率。

1. 目标函数对偶与共轭转换

根据强对偶理论与松弛定理，基于 Wasserstein 距离模糊集下的最差场景期望为：

$$\sup_{P \in D} E_P\{f_{\mathrm{risk}}(x,\xi)\} = \begin{cases} \inf_{\lambda,s_i} \lambda \varepsilon + \dfrac{1}{N} \sum_{i=1}^{N} s_i \\ \mathrm{s.t.} \begin{array}{l} \sup_{\xi \in \varXi} (f_{\mathrm{risk}}(x,\xi) - \lambda \| \xi - \hat{\xi}_i \|) \leqslant s_i \\ \lambda \geqslant 0, \forall i \leqslant N. \end{array} \end{cases} \tag{8-32}$$

式中：λ 为对偶变量；s_i 为辅助变量。

原分布鲁棒问题是包含上调灵活性不足风险和下调灵活性不足风险的分段函数。利用对偶范数的定义和函数的可分解性，在可行域 $k \leqslant K$ 下函数 $f_{\mathrm{risk}}(x,\xi)$ 可分解为 $f_{\mathrm{risk}\_k}(x,\xi)$。$k = 1$ 表示切负荷风险成本函数，$k = w$ 表示弃风风险成本函数，最终转换为：

$$\begin{cases} \inf \quad \lambda\varepsilon + \dfrac{1}{N}\sum_{i=1}^{N} s_i \\ \text{s.t.} \begin{cases} \sup_{\xi\in\Xi}(f_{\text{risk}\_k}(x,\xi) - \theta_{ki}\cdot\xi) + \theta_{ki}\cdot\hat{\xi}_i \leqslant s_i \\ \|\theta_{ki}\|_* \leqslant \lambda \\ \lambda \geqslant 0, \forall i \leqslant N, \forall k \leqslant K \end{cases} \end{cases} \qquad (8\text{-}33)$$

式中：$\|\theta_{ki}\|_*$ 表示原范数 $\|\xi-\hat{\xi}_i\|$ 的对偶范数。

式（8-33）仍然是包含所有分布的无限维问题，并且其约束个数随着变量的增加而增多。将该式进行一般转化后，会造成计算时间随着历史数据的增加呈线性增长，例如有学者提出的 DRCC 模型。因此采用一种近似框架，可在无精度损失的情况下，将式（8-33）中的 θ_{ki} 替换为 θ_k 并引入共轭函数，得到下式：

$$\begin{cases} \inf \quad \lambda\varepsilon + \dfrac{1}{N}\sum_{i=1}^{N} s_i \\ \text{s.t.} \begin{cases} [-f_{\text{risk}\_k}]^*(\theta_k - \partial_k) + y_\Xi(\partial_k)) - \theta_k\cdot\hat{\xi}_i) \leqslant s_i \\ \|\theta_k\|_* \leqslant \lambda, \lambda \geqslant 0, \forall i \leqslant N, \forall k \leqslant K. \end{cases} \end{cases} \qquad (8\text{-}34)$$

式中：$y_\Xi(\partial_k)$ 是在盒式不确定集 $\xi\in[\overline{\xi},\underline{\xi}]$ 下的特征函数，可以利用拉格朗日对偶求解；$[-f_{\text{risk}\_k}]^*(\theta_k - \partial_k)$ 为共轭函数，以上调灵活性不足风险成本（$k=l$）为例，其计算结果如下：

$$\begin{aligned} [-f_{\text{risk}\_l}]^*(\theta_l - \partial_l) &= \sup_{\xi\in\Xi}(\theta_l - \partial_l)\xi + \sum_{t\in T}\delta_l(\overline{F}_N^t + \xi - F_{\text{up}}^t) \\ &= \begin{cases} \sum_{t\in T}\delta_l(\overline{F}_N^t - F_{\text{up}}^t), & \theta_l - \partial_l + \sum_{t\in T}\delta_L = 0 \\ +\infty, & \text{其他} \end{cases} \end{aligned} \qquad (8\text{-}35)$$

将上式和特征函数 $y_\Xi(\partial_k)$ 代入式（8-34）得到下式：

$$\begin{cases} \inf \quad \lambda\varepsilon + \dfrac{1}{N}\sum_{i=1}^{N} s_i \\ \text{s.t.} \begin{cases} \sum_{t\in T}\delta_l(\overline{F}_N^t + \hat{\xi}_i) - \sum_{t\in T}\delta_l F_{\text{up}}^t - (\alpha_l-\beta_l)\hat{\xi}_i + \inf(\alpha_l\overline{\xi} - \beta_l\underline{\xi}) \leqslant s_i \\ \|\alpha_l-\beta_l - \sum_{t\in T}\delta_l\|_* \leqslant \lambda \\ \lambda、\alpha_l、\beta_l \geqslant 0 \end{cases} \end{cases} \qquad (8\text{-}36)$$

式中：α_l、β_l 分别为辅助变量。

然而，上式中因约束（1）的存在，约束个数同样会随着变量个数的增加而增多，且约束（1）内部含有优化问题，模型难以求解。因此，通过加强约束与松弛最终得到上调灵活性不足风险分布鲁棒模型，且无任何精度损失：

$$\begin{cases} \inf \ \lambda\varepsilon + \dfrac{1}{N}\left\{\displaystyle\sum_{i=1}^{N}\sum_{t\in T}\delta_l(\overline{F}_{\mathrm{N}}^{t}+\hat{\xi}_i) - \sum_{t\in T}\delta_l F_{\mathrm{up}}^{t} - (\alpha_l-\beta_l)\hat{\xi}_i + (\alpha_l\overline{\xi}-\beta_l\underline{\xi})\right\} \\ \mathrm{s.t.}\begin{cases}\|\alpha_l-\beta_l-\displaystyle\sum_{t\in T}\delta_l\|_* \leqslant \lambda \\ \lambda、\ \alpha_l、\ \beta_l \geqslant 0\end{cases}\end{cases} \quad (8\text{-}37)$$

同理，下调灵活性不足风险下的分布鲁棒模型为：

$$\begin{cases} \inf \ \lambda\varepsilon + \dfrac{1}{N}\left\{\displaystyle\sum_{i=1}^{N}\sum_{t\in T}-\delta_w(\overline{F}_{\mathrm{N}}^{t}+\hat{\xi}_i) - \sum_{t\in T}\delta_w F_{\mathrm{dn}}^{t} - (\alpha_w-\beta_w)\hat{\xi}_i + (\alpha_w\overline{\xi}-\beta_w\underline{\xi})\right\} \\ \mathrm{s.t.}\begin{cases}\|\alpha_w-\beta_w-\displaystyle\sum_{t\in T}\delta_w\|_* \leqslant \lambda \\ \lambda、\ \alpha_w、\ \beta_w \geqslant 0\end{cases}\end{cases} \quad (8\text{-}38)$$

式中：α_w、β_w 分别为辅助变量。

2. 机会约束线性化

将模型中灵活性机会约束式（8-31）的一般形式写为：

$$\inf_{P\in D} P_r(g(x,\xi)\leqslant 0) \geqslant 1-\eta \quad (8\text{-}39)$$

显然本式是非凸的，其包含的隐式表达非常难以求解，因此采用一种内逼近方法进行线性化近似。为克服因引入辅助约束而带来的计算困难，对其进行松弛后最终得到式（8-40）。该模型的解与真正的最优解会产生 1%~2% 的误差，可以作为近似最优解：

$$\inf_{P\in D} P_r(g(x,\xi)\leqslant 0) \geqslant 1-\eta = \begin{cases}\varepsilon\cdot\gamma-\eta\cdot\zeta \leqslant \dfrac{1}{N}\displaystyle\sum_{i=1}^{N}\{g(x,\xi_i)-\zeta\} \\ \gamma\geqslant 0,\zeta>0,i\in N\end{cases} \quad (8\text{-}40)$$

式中：γ、ζ 分别为辅助变量。

8.3.4 算例分析

本章以某高海拔山区铁路沿线电网为例进行仿真计算，该系统电源除 3 个风电场外，还包含 6 个火电机组、10 个水电机组，总装机容量分别为 1120 MW、3860 MW；可控负荷及储能配置节点参数见表 8-3 与表 8-4。设置切负荷风险系数 $\delta_w = 45$ \$/(MW·h)，弃风风险系数 $\delta_l = 160$ \$/(MW·h)。模型以 AMD Ryzen 5 4600H 3.00GHz、8GB 内存计算机系统为仿真平台，采用 2019a 版本的 Matlab 仿真软件，通过 Yalmip 工具箱调用 Gurobi 求解器求解。

表 8-3　储能配置参数

配置节点	最大储能容量/(MW·h)	最小储能容量/(MW·h)	充放电最大值/MW	充放电循环寿命次数	初始容量/(MW·h)	充电效率	放电效率	储能购置成本/10⁴·$
1, 31,	300	50	80	12 000	100	0.9	1	12 000
13, 30, 35	450	80	100	17 200	120	0.9	1	14 000

表 8-4　可控负荷参数

节点	最大可中断次数	最大可中断时间/h	最大可中断量/MW	补偿费用/[$·(MW·h)⁻¹]
25	6	4	220	35
29	6	5	240	40

1. 调度运行结果分析

考虑到该区域负荷高峰与高铁负荷运行时段多发生在 08:00—20:00,因此选取该时段进行研究,时间间隔取为 5 min,优化调度结果如图 8-11 所示。

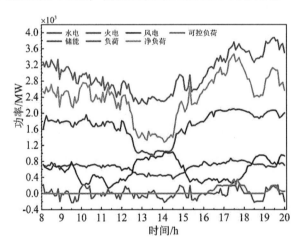

图 8-11　优化调度运行结果

从图 8-11 可以看出,储能的充放电过程比较频繁,这是因为在系统负荷与风电的共同作用下,系统净负荷短时波动性较强,受水电和火电短时爬坡能力限制,需要储能迅速做出调节。在 12:00—15:00 时段,风电出力处于高峰段,而负荷水平较低,造成净负荷处于低谷期,这时期变化主要由水电与火电共同调节。但火电机组相对水电机组调节缓慢,这得益于水电机组调节费用低廉,调节速率较快,能够长期追踪净负荷的变化情况。在 16:00—18:00 时段,风电出力水平较低,系统负荷处于高峰,水电和火电受限于系统最高出力与爬坡能力,可控负荷通过削减部分负荷为系统提供灵活性供给。

图 8-12 为系统部分节点储能响应高铁负荷优化运行结果，图 8-12（a）和图 8-12（b）分别对应系统节点 1 和 30。从图中可以看出，受牵引站数量和地理位置的影响，节点 1 的高铁负荷冲击性明显低于节点 30。在大多数时间段内，节点配置的储能既能通过放电响应高铁负荷的冲击性，又能通过充电吸收再生制动能量。受其他因素影响，部分时段呈现相反的特性。如图 8-12（a）的 17:20—17:40 时段，此时高铁负荷作为电源虽有再生制动能量产生，但受系统负荷高峰影响，储能同时也需要放电；图 8-12（b）的 18:20—19:00 时段，高铁负荷虽然需要从系统吸收能量，但风电处于高峰期，为避免弃风，储能需要作为负荷进行充电。

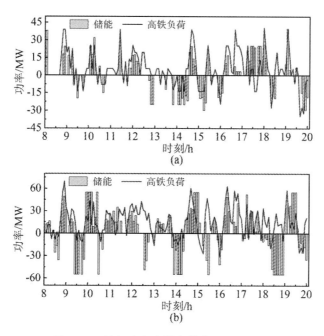

图 8-12　储能响应高铁负荷优化运行结果

2. 高铁负荷与灵活性对系统优化的影响分析

为验证考虑灵活性需求不确定性的有效性及高铁负荷对系统优化的影响，将分为以下 4 种场景进行分析。

场景 1：高铁负荷不接入，不考虑灵活性需求不确定性的系统优化方案。

场景 2：高铁负荷接入，不考虑灵活性需求不确定性的系统优化方案。

场景 3：高铁负荷不接入，考虑灵活性需求不确定性的系统优化方案。

场景 4：高铁负荷接入，考虑灵活性需求不确定性的系统优化方案。

4 种场景的计算结果如表 8-5 所示，从中可以看出考虑灵活性需求不确定性的场景 3、4 综合运行成本和弃风量低于场景 1、2。主要原因如下：

（1）从灵活性缺额的角度分析，场景 3、4 上调灵活性不足风险相比场景 1、2 分别降低 16 583.99、23 013.31 美元。说明当净负荷实际出力大于预测值时，因上调灵活性不足导致的潜在切负荷量大幅减小。

表 8-5　不同场景下的优化运行结果

比较项目	场景类型			
	一	二	三	四
综合运行成本/$	515 996.68	532 449.97	484 824.70	494 696.30
火电成本/$	391 660.19	396 009.10	380 702.89	381 376.31
水电成本/$	58 259.10	62 907.28	66 683.00	72 982.28
可控负荷成本/$	9280.42	10 452.21	13 265.20	14 852.02
储能成本/$	1478.20	2105.78	2274.66	3298.98
上调灵活性不足风险/$	23 548.18	32 410.51	6964.20	9397.20
下调灵活性不足风险/$	11 770.58	8565.08	4934.75	3289.49
系统灵活性不足风险/$	35 318.76	40 975.59	11 898.94	12 686.69
弃风量/（MW·h）	732.56	789.53	253.58	241.26

（2）场景 3、4 下调灵活性不足风险相比场景 1、2 分别降低 16 835.83、15 775.59 美元。说明当净负荷实际出力小于其预测值时，由下调灵活性不足导致的潜在弃风量更少。从实际调度成本来看，场景 3、4 相比场景 1、2，火电运行成本有所减小，但整体变化不大。水电、可控负荷、储能运行成本都有相应增加，其中水电成本增幅分别为 16.18%、17.60%，可控负荷成本增幅分别为 42.94%、42.09%，储能成本增幅分别为 53.88%、56.66%。为应对灵活性需求的波动性，通过合理均衡各灵活性资源的调节能力，使得场景 3、4 相比场景 1、2 实际调度成本仅多出 7247.84 美元、6035.24 美元。

（3）相比场景 1、3，考虑高铁负荷的场景 2、4 下调灵活性不足风险的成本明显降低，这是因为高铁作为负荷可以为系统提供一定的下调灵活性容量。由于牵引负荷具有强波动性，会造成系统较高的上调灵活性风险。加上其实际运行成本较高，由此对应的综合运行成本也会增大。通过考虑灵活性需求不确定性，可降低综合运行成本。

图 8-13 为不同场景下的灵活性容量对比图。在 16:00—18:00 时段，系统净负荷快速上升并处于负荷高峰期，系统上调灵活性容量较少；在 12:00—14:00 时段，系统净负荷快速下降，并处于负荷低谷期，系统下调灵活性容量较少。这些时段系统都存在较大的灵活性不足风险。从图 8-13（a）可以看到，在大部分时段，考虑高铁负荷接入的系统上调灵活性容量会降低，下调灵活性容量会上升，但部分时段存在相反特性，这是因为该时段存在再生制动能量反馈电网。从图 8-13（b）可以看出，通过考虑灵活性不确定性可以提高这些时段的灵活性容量。

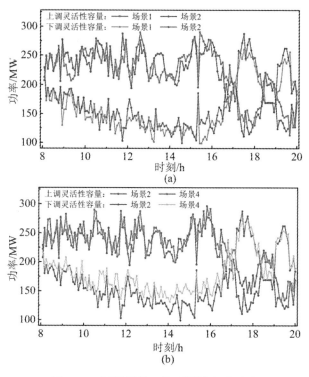

图 8-13　不同场景下的灵活性容量对比

3. 不确定模型比较分析

为综合评估所提模型的有效性，另选取 4 种模型（SO 模型、RO 模型、WDRO 模型、DRCC 模型）作为对比实验。SO 模型从源-荷预测误差波动的概率密度中随机生成 1000 个场景并求其期望，RO 模型抽取 1000 个样本数据并设置上、下限偏差为±20%。DRCC-CT、DRCC 模型中风险系数 η 取为 0.05，DRCC CT、DRCC、WDRO 模型中置信度 χ 取为 0.9，并且选取相同的 1000 个样本数据对以上 3 种模型进行分析计算。在样本集下运行后，通过蒙特卡洛模拟不同概率分布下的 10 000 个场景，以分析不同模型的样本外可靠性，最终结果见表 8-6。

表 8-6　不同模型下的求解结果对比

模型类型	实际运行成本/\$	灵活性不足风险成本/\$	总成本/\$	可靠性
SO	473 635.09	50 512.16	524 147.25	92.02%
RO	535 102.68	9092.93	544 195.61	100%
WDRO	500 291.59	30 863.02	531 154.61	98.79%
DRCC	493 956.16	24 095.48	518 051.64	98.14%
DRCC-CT	490 258.59	22 486.69	512 745.28	98.06%

由表 8-6 可知：WDRO、DRCC、DRCC-CT 模型的实际运行成本、可靠性与灵活性不足风险成本均介于 SO、RO 模型之间。SO 模型虽然具有较好的经济性，但采用固

定的概率分布，不能抵抗所有的扰动情况，造成较高的灵活性不足风险和较低可靠性。RO 模型通过考虑恶劣场景，保证较高的可靠性与较低的运行风险，但经济性过于保守。分布鲁棒模型通过考虑包含真实分布的多种分布参数信息，既提高实际运行的经济性，又降低灵活性不足风险和保证较高的可靠性。DRCC、DRCC-CT 模型的运行成本优于 WDRO。DRCC、DRCC-CT 模型采用机会约束，限制灵活性需求不确定集的波动范围，避免较高的运行成本。尽管面对多种扰动会加大越限风险的概率，但可靠性下降不明显。DRCC-CT 模型的总成本和可靠性与 DRCC 模型非常接近，可见 DRCC-CT 模型通过转换后造成的误差是非常小的。

4. 模型参数影响与时间复杂度分析

为分析不同的样本数目和风险系数对成本的影响，固定 Wasserstein 距离的置信度为 0.9，改变样本数目和风险系数，实验结果如图 8-14 所示。从图中可以看出，综合运行成本会随着样本数目的增加而减小。主要是因为随着样本数目的增加，基于 Wasserstein 距离的模糊集半径就会减小，保守性和运行成本会降低。综合运行成本会随着风险系数的增加呈现高-低-高的变化。较低的风险系数，系统需要提供较高的灵活性容量，增加系统的实际运行成本；较高的风险系数，系统面临较大的灵活性缺额，造成较大的灵活性不足风险成本。因此，运行人员可以通过选择不同样本数目和风险系数以平衡经济性。

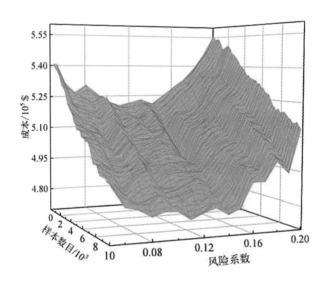

图 8-14 样本数目与风险系数对成本的影响分析

为验证本章提出的 DRCC-CT 模型的计算效率，选取随机优化模型和 DRCC 模型作为对比，通过对每个模型进行 15 次实验取得求解时间均值，得到的结果如图 8-15 所示。3 种模型的计算时间都会随着样本数目的增加而增大，但增速相差较大。其中，DRCC 模型的增速最快。本章所提方法的计算时间随着样本数目的增加上升最为缓慢，这是因为计算时间主要受约束个数的影响。通过转化后，DRCC-CT 模型中目标函数的约束个数一直保持为 $k+6$，不随样本数目的增加而增大。因此，本章所提出的模型具有较好的计算优越性，通过选择合适的样本数目，可实现在线实时计算。

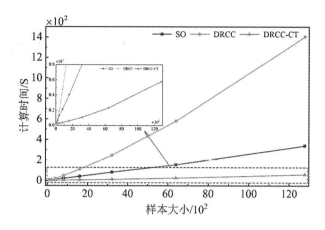

图 8-15　不同样本下的模型求解时间

8.4　本章小结

本章提出一种考虑高海拔山区铁路沿线电网灵活性的分布鲁棒优化方法，通过采用 Wasserstein 距离来量化系统中因源-荷波动引起的灵活性需求不确定性，结合灵活性风险成本和机会约束建立分布鲁棒机会约束优化模型，采用基于共轭转换的方法解决计算效率问题，通过模拟某高海拔山区铁路牵引负荷，对该区域电网进行优化调度研究，得到如下结论：

（1）受长大坡道影响，牵引负荷不仅具有冲击性，还会产生大幅值且频繁的再生制动能量。储能配置可以有效平抑牵引负荷的冲击性并吸收再生制动能量。再生制动能量的产生可为系统提供上调灵活性容量。

（2）通过考虑灵活性需求不确定性，可以合理均衡各灵活性资源的调节能力。以较少的实际运行成本提高灵活性容量，可有效降低灵活性不足风险。

（3）在不牺牲经济性的条件下，本章提出的 DRCC-CT 模型可以提高系统的可靠性，以较小的计算误差获得较好的计算优势，并且决策者可以通过选择样本数目和风险系数来平衡经济性。

参考文献

[1] 苟竞, 刘方, 刘嘉蔚, 等. 考虑高铁负荷和风光不确定性的输电网规划方法研究[J], 电力系统保护与控制, 2022.

[2] 王斌, 张民, 邱忠才, 等. 基于实测数据的高铁牵引变电所负序电流概率分析[J]. 西南交通大学学报, 2015, 50(06): 1137-1142.

[3] Qiao Zhang, Yexin Zhang, Ke Huang, et al. Modeling of Regenerative Braking Energy for Electric Multiple Units Passing Long Downhill Section. IEEE Transactions on Transportation Electrification, 2022, 8(3): 3742-3758.

[4] Sun Y, Xie X, Li P. Unbalanced source identification at the point of evaluation in the distribution power systems[J]. European transactions on electrical power, 2018(1): 28.

[5] Arão L F L, Ferreira Filho A L, Mendonça M V B. Comparative evaluation of methods for attributing responsibilities due to voltage unbalance[J]. IEEE Transactions on Power Delivery, 2015, 31(2): 743-752.

[6] Vallés A P, Revuelta P S. A new distributed measurement index for the identification of harmonic distortion and/or unbalance sources based on the IEEE Std. 1459 framework[J]. Electric power systems research, 2019, 172: 96-104.

[7] Chen Y, Chen M, Tian Z, et al. Voltage unbalance management for high-speed railway considering the impact of large-scale DFIG-based wind farm[J]. IEEE Transactions on Power Delivery, 2019, 35(4): 1667-1677.

[8] Chen, Yinyu, Minwu, et al. VU limit pre-assessment for high-speed railway considering a grid connection scheme[J]. IET Generation, Transmission Distribution, 2019, 13(7): 1121-1131.

[9] GB/T15543-2008. 电能质量三相电压不平衡[S]. 2008.

[10] 孙帮成. CRH$_{380BL}$ 型动车组[M]. 北京: 中国铁道出版社, 2014.

[11] 林芝羽, 李华强, 苏韵掣, 等. 计及灵活性承载度的电网评估与扩展规划方法[J]. 电力系统保护与控制, 2021, 49(5): 46-57.

[12] 胡源, 别朝红, 宁光涛, 等. 计及风电不确定性的多目标电网规划期望值模型与算法[J]. 电工技术学报, 2016, 31(10): 168-175.

[13] 肖楚飞, 唐飞, 刘涤尘, 等. 考虑解列控制的输电网扩展规划研究[J]. 电网技术,

2020. 44(6): 2204-2213.

[14] 刘帅, 孔亮, 刘自发, 等. 基于深度强化学习的输电网网架规划方法[J]. 电力建
      设, 2021, 42(07): 101-109.

[15] 周景, 张衡, 刘盾盾, 等. 考虑连锁故障的输电网扩展规划方法[J]. 电力自动化
      设备, 2021, 41(12): 136.

[16] 蒋霖, 郑倩薇, 王枫, 等. 考虑直接负荷控制与风电不确定性的输电网扩展规划
      [J]. 电力系统保护与控制, 2020, 48(3): 138-146.

[17] 张立波, 程浩忠, 曾平良, 等. 基于不确定理论的输电网规划[J]. 电力系统自动
      化, 2016, 40(16): 159-167.

[18] 梁子鹏, 陈皓勇, 郑晓东, 等. 考虑风电极限场景的输电网鲁棒扩展规划[J]. 电
      力系统自动化, 2019, 43(16): 58-67.

[19] Chen B, Wang L. Robust transmission planning under uncertain generation investment
      and retirement[J]. IEEE Transactions on Power Systems, 2016, 31(6): 5144-5152.

[20] 柳璐, 程浩忠, 马则良, 等. 考虑全寿命周期成本的输电网多目标规划[J]. 中国
      电机工程学报, 2012, 32(22): 46-54.

[21] 杨宁, 文福拴. 计及风险约束的多阶段输电系统规划方法[J]. 电力系统自动化,
      2005, 29(4): 28-33.

[22] 那广宇, 魏俊红, 王亮, 等. 基于 Gram-Charlier 级数的含风电电力系统静态电压
      稳定概率评估[J]. 电力系统保护与控制, 2021, 49(03): 115-122.

[23] 刘宇, 高山, 杨胜春, 姚建国. 电力系统概率潮流算法综述[J]. 电力系统自动化,
      2014, 38(23): 127-135.

[24] 王涛, 王淳, 李成豪. 基于 Copula 函数及 Rosenblatt 变换的含相关性概率潮流计
      算[J]. 电力系统保护与控制, 2018, 46(21): 18-24.

[25] 聂宏展, 吕盼, 乔怡. 基于人工鱼群算法的输电网络规划[J]. 电工电能新技术,
      2008, 80(2): 11-15.

[26] 李如琦, 王宗耀, 谢林峰, 等. 种群优化人工鱼群算法在输电网扩展规划的应用
      [J]. 电力系统保护与控制, 2010, 38(23): 11-15.

[27] 肖壮, 马俊国, 刘婕, 等. 基于改进 TLBO 算法的输电网规划[J]. 电测与仪表,
      2019, 56(21): 52-56.

[28] 吴际舜, 侯志捡. 电力系统潮流计算的计算机方法[M]. 上海: 上海交通大学出版
      社, 1999: 158-177.

[29] Yang J, Zhang N, Kang C, et al. A state-independent linear power flow model with

accurate estimation of voltage magnitude[J]. IEEE Transactions on Power Systems, 2016, 32(5): 3607-3617.

[30] 王秀丽, 王锡凡. 遗传算法在输电系统规划中的应用[J]. 西安交通大学学报, 1995, 29(8): 1-9.

[31] Romero R, Monticelli A, Garcia A, et al. Test systems and mathematical models for transmission network expansion planning[J]. IEE Proceeding of Generation Transimission and Distribution, 2002, 149(1): 27-36.

[32] 易明月, 童晓阳. 考虑风荷预测误差不确定性的动态经济调度[J]. 电网技术, 2019, 43(11): 4050-4057.

[33] 高阳, 张碧玲, 毛京丽, 等. 基于机器学习的自适应光伏超短期出力预测模型[J]. 电网技术, 2015, 39(2): 307-311.

[34] 张守帅, 田长海. 高速铁路长大下坡道地段列车运行速度相关问题研究[J]. 中国铁道科学, 2017, 38(3): 124-129.

[35] Frilli A, Meli E, Nocciolini D, et al. Energetic Optimization of Regenerative Braking for High Speed Railway Systems[J]. Energy Conversion and Management, 2016, 129: 200-215.

[36] Chen J, Hu H, Ge Y, el at. An Energy Storage System for Recycling Regenerative Braking Energy in High-Speed Railway[J]. IEEE Transactions on Power Delivery, 2021, 36(1): 320-330.

[37] Cui G, Luo L, Liang C, et al. Supercapacitor Integrated Railway Static Power Conditioner for Regenerative Braking Energy Recycling and Power Quality Improvement of High-Speed Railway System[J]. IEEE Transactions on Transportation Electrification, 2019, 5(3): 702-714.

[38] Deng Y, Huang K, Su D, el at. Spatial Magnetic-field Description Method Aimed at 2×25 kV Auto-transformer Power Supply System in High-speed Railway[J]. Applied Sciences, 2018, 8(6): 1-16.

[39] 黄可, 刘志刚, 王英, 等. 计及高速铁路站内工况的车体过电压分布特性分析[J]. 铁道学报, 2016, 38(9): 38-45.

[40] Cheng Y, Liu Z, Huang K. Transient Analysis of Electric Arc Burning at Insulated Rail Joints in High-speed Railway Stations Based on State-space Modeling[J]. IEEE Transactions on Transportation Electrification, 2017, 3(3): 750-761.

[41] Mohamed B, Arboleya P, Ei-Sayed I, et al. High-Speed 2×25 kV Traction System

Model and Solver for Extensive Network Simulations[J]. IEEE Transactions on Power Systems, 2019, 32(5): 3837-3847.

[42] 黄文勋. 复杂艰险山区列车再生制动对牵引网电压影响及相关抑制措施研究[J]. 铁道标准设计, 2020, 64(10): 143-147.

[43] 田长海, 张守帅, 张岳送, 等. 高速铁路列车追踪间隔时间研究[J]. 铁道学报, 2015, 37(10): 1-6.

[44] 饶忠. 列车牵引计算[M]. 北京: 中国铁道出版社, 2008.

[45] 国家铁路局. TB10621-2014, 高速铁路设计规范[S]. 北京: 中国铁路出版社, 2015.

[46] GB/T 1402-2010, 轨道交通-牵引供电系统电压[S].

[47] 王彦东. 计及风电场接入的电力系统脆弱线路辨识及连锁故障预警模型研究[D]. 泉州: 华侨大学, 2017.

[48] 李勇, 刘俊勇, 刘晓宇, 等. 基于潮流熵测度的连锁故障脆弱线路评估及其在四川主干电网中的应用[J]. 电力自动化设备, 2013, 33(10): 40-46.

[49] 刘威, 张东霞, 丁玉成, 等. 基于随机矩阵理论与熵理论的电网薄弱环节辨识方法[J]. 中国电机工程学报, 2017, 37(20): 5893-5901.

[50] 谭玉东, 李欣然, 蔡晔, 等. 基于动态潮流的电网连锁故障模型及关键线路识别[J]. 中国电机工程学报, 2015, 35(3): 615-622.

[51] 曾凯文, 文劲宇, 程时杰, 等. 复杂电网连锁故障下的关键线路辨识[J]. 中国电机工程学报, 2014, 34(7): 1103-1112.

[52] 侯荣均, 张乔, 罗旭, 等. 高铁负荷作用下电网脆弱线路辨识方法研究[J]. 电测与仪表, 2019, 56(21): 30-35.

[53] 徐林, 王秀丽, 王锡凡. 电气介数及其在电力系统关键线路识别中的应用[J]. 中国电机工程学报, 2010, 30(1): 33-39.

[54] 刘文颖, 梁才, 徐鹏, 等. 基于潮流介数的电力系统关键线路辨识[J]. 中国电机工程学报, 2013, 33(31): 90-98.

[55] Dwivedi A, Yu X. A Maximum-Flow-Based Complex Network Approach for Power System Vulnerability Analysis[J]. IEEE Transactions on Industrial Informatics, 2013, 9(1): 81-88.

[56] Fang J, Su C, Chen Z, et al. Power System Structural Vulnerability Assessment based on an Improved Maximum Flow Approach[J]. IEEE Transactions on Smart Grid, 2017, 9(2): 777-785.

[57] Fan W, Huang S, Mei S. Invulnerability of power grids based on maximum flow theory [J]. Physica A Statistical Mechanics & Its Applications, 2016, 462: 977-985.

[58] Fan W, Ping H, Liu Z. Multi-attribute node importance evaluation method based on Gini-coefficient in complex power grids[J]. IET Generation Transmission & Distribution, 2016, 10(9): 2027-2034.

[59] Ma Z, Shen C, Liu F, et al. Fast Screening of Vulnerable Transmission Lines in Power Grids: a PageRank-based Approach[J]. IEEE Transactions on Smart Grid, 2019, 10(2): 1982-1991.

[60] 马志远, 刘锋, 沈沉, 等. 基于 PageRank 改进算法的电网脆弱线路快速辨识(一): 理论基础[J]. 中国电机工程学报, 2016, 36(23): 6363-6370.

[61] 马志远, 刘锋, 沈沉, 等. 基于 PageRank 改进算法的电网脆弱线路快速辨识(二): 影响因素分析[J]. 中国电机工程学报, 2017, 37(1): 36-44.

[62] Fan W L, Zhang X, Shengwei M, et al. Vulnerable transmission line identification considering depth of K-shell decomposition in complex grids[J]. IET Generation Transmission & Distribution, 2018, 12(5): 1137-1144.

[63] 叶林, 张亚丽, 巨云涛, 等. 用于含风电场的电力系统概率潮流计算的高斯混合模型[J]. 中国电机工程学报, 2017, 37(15): 4379-4387.

[64] 易明月, 童晓阳. 考虑风荷预测误差不确定性的动态经济调度[J]. 电网技术, 2019, 43(11): 4050-4057.

[65] Elia 电网风电数据[EB/OL]. [2018-09-01]. http: //www. elia. be/en/grid-data/.

[66] 彭小圣, 邓迪元, 程时杰, 等. 面向智能电网应用的电力大数据关键技术[J]. 中国电机工程学报, 2015, 35(03): 503-511.

[67] 童晓阳, 余森林. 基于随机矩阵谱分析的输电线路故障检测算法[J]. 电力系统自动化, 2019, 43(10): 101-115.

[68] 吴茜, 张东霞, 刘道伟, 等. 基于随机矩阵理论的电网静态稳定态势评估方法[J]. 中国电机工程学报, 2016, 36(20): 5414-5420.

[69] 刘威, 张东霞, 丁玉成, 等. 基于随机矩阵理论与熵理论的电网薄弱环节辨识方法[J]. 中国电机工程学报, 2017, 37(20): 5893-5901.

[70] 王波, 王佳丽, 刘涤尘, 等. 基于高维随机矩阵理论的电网薄弱点评估方法[J]. 中国电机工程学报, 2019, 39(6): 1682-1691.

[71] 孔睿, 吕晓琴, 王晓茹, 等. 列车混运的车网系统低频振荡建模与分析[J/OL]. 中国电机工程学报: 1-13[2022-10-08]. http://kns. cnki. net/kcms/detail/11. 2107. TM.

20220519. 1703. 022. html.

[72] S. Wu and Z. Liu. Low-Frequency Stability Analysis of Vehicle-Grid System With Active Power Filter Based on dq-Frame Impedance, IEEE Transactions on Power Electronics, 2021, 36(8): 9027-9040.

[73] Hu H T, Tao H D, Wang X F, et al. Train–Network Interactions and Stability Evaluation in High-Speed Railways–Part I: Phenomena and Modeling. IEEE Transactions on Power Electronics, 2018, 33(6): 4627-4642.

[74] H. Hu, H. Tao, X. Wang, F. Blaabjerg, Z. He and S. Gao. Train–Network Interactions and Stability Evaluation in High-Speed Railways—Part II: Influential Factors and Verifications. IEEE Transactions on Power Electronics, 2018, 33(6): 4643-4659.

[75] S. Wu, J. Jatskevich, Z. Liu and B. Lu. Admittance Decomposition for Assessment of APF and STATCOM Impact on the Low-Frequency Stability of Railway Vehicle-Grid Systems, IEEE Transactions on Power Electronics, 2022, doi: 10. 1109/TPEL. 2022. 3189006.

[76] H. Hu, Y. Zhou, X. Li and K. Lei. Low-Frequency Oscillation in Electric Railway Depot: A Comprehensive Review. IEEE Transactions on Power Electronics, 2021, 36(1): 295-314.

[77] Liu Zhigang, Zhang Guinan, Liao Yicheng. Stability research of high-speed railway EMUs and traction network cascade system considering impedance matching. IEEE Transactions on Industry Applications, 2016, 52(5): 4315-4326.

[78] Hu Haitao, Zhou Yi, Li Xin, et al. Low-frequency oscillation in electric railway depot: a comprehensive review. IEEE Transactions on Power Electronics, 2021, 36(1): 295-314.

[79] Liao Yicheng, Liu Zhigang, Zhang Han, et al. Low-frequency stability analysis of single-phase system with dq-frame impedance approach—part I: impedance modeling and verification. IEEE Transactions on Industry Applications, 2018, 54(5): 4999-5011.

[80] Liao Yicheng, Liu Zhigang, Zhang Han, et al. Low-frequency stability analysis of single-phase system with DQ-frame impedance approach—Part II: stability and frequency analysis. IEEE Transactions on Industry Applications, 2018, 54(5): 5012-5024.

[81] X. Jiang, H. Hu, X. Yang, Z. He, Q. Qian and P. Tricoli. Analysis and Adaptive

Mitigation Scheme of Low Frequency Oscillations in AC Railway Traction Power Systems. IEEE Transactions on Transportation Electrification, 2019, 5(3): 715-726.

[82] Liao Yicheng, Wang Xiongfei. Impedance-based stability analysis for interconnected converter systems with open-loop RHP poles. IEEE Transactions on Power Electronics, 2020, 35(4): 4388-4397.

[83] Liu Zhigang, Zhang Guinan, Liao Yicheng. Stability research of high-speed railway EMUs and traction network cascade system considering impedance matching. IEEE Transactions on Industry Applications, 2016, 52(5): 4315-4326.

[84] Wang H. , Wu M. , Sun J. Analysis of Low-Frequency Oscillation in Electric Railways Based on Small-Signal Modeling of Vehicle-Grid System in dq Frame. IEEE Transactions on Power Electronics, 2015, 30(9): 5318-5330.

[85] H. Liu, X. Xie and W. Liu. An Oscillatory Stability Criterion Based on the Unified dq-Frame Impedance Network Model for Power Systems with High-Penetration Renewables. IEEE Transactions on Power Systems, 2018, 33(3): 3472-3485.

[86] 吴小刚, 刘宗歧, 田立亭, 等. 基于改进多目标粒子群算法的配电网储能选址定容[J]. 电网技术, 2014, 38(12): 3405-3411.

[87] 李军徽, 张嘉辉, 李翠萍, 等. 参与调峰的储能系统配置方案及经济性分析[J]. 电工技术学报, 2021, 36(19): 4148-4160.

[88] 尤毅, 刘东, 钟清, 等. 主动配电网储能系统的多目标优化配置[J]. 电力系统自动化, 2014, 38(18): 46-52.

[89] Ma J, Silva V, Belhomme R, et al. Evaluating and planning flexibility in sustainable power systems[J]. IEEE Transactions on Sustainable Energy, 2012, 4(1): 200-209.

[90] 杨珺, 李凤婷, 张高航. 考虑灵活性需求的新能源高渗透系统规划方法[J]. 电网技术, 2022, 46(06): 2171-2182.

[91] 鲁宗相, 李海波, 乔颖. 高比例可再生能源并网的电力系统灵活性评价与平衡机理[J]. 中国电机工程学报, 2017, 37(1): 9-20.

[92] Lu Z, Li H, Qiao Y. Probabilistic Flexibility Evaluation for Power System Planning Considering Its Association With Renewable Power Curtailment[J]. IEEE Transactions on Power Systems, 2018, 33(3): 3285 - 3295.

[93] Y Wang, Lou S, Y Wu, et al. Flexible Operation of Retrofitted Coal-Fired Power Plants to Reduce Wind Curtailment Considering Thermal Energy Storage[J]. IEEE Transactions on Power Systems, 2020, 35(2): 1178-1187.

[94] Hg A, Fa A, Ir B, et al. Dual variable decomposition to discriminate the cost imposed by inflexible units in electricity markets[J]. Applied Energy, 2021, 287(11): 65-95.

[95] 张高航, 李风婷. 计及源荷储综合灵活性的电力系统日前优化调度[J]. 电力自动化设备, 2020, 40(12): 159-167.

[96] Torbaghan S S, Suryanarayana G, H Hoschle, et al. Optimal Flexibility Dispatch Problem Using Second-Order Cone Relaxation of AC Power Flow[J]. IEEE Transactions on Power Systems, 2019, 35(1): 98-108.

[97] 边晓燕, 孙明琦, 董璐, 等. 计及灵活性聚合功率的源-荷分布式协调调度[J]. 电力系统自动化, 2021, 45(17): 89-98.

[98] 杨龙杰, 李华强, 余雪莹, 等. 计及灵活性的孤岛型微电网多目标日前优化调度方法[J]. 电网技术, 2018, 42(05): 1432-1440.

[99] Khatami R, Parvania M, Narayan A. Flexibility Reserve in Power Systems: Definition and Stochastic Multi-Fidelity Optimization[J]. IEEE Transactions on Smart Grid, 2019, 11(1): 644-654.